St.-Georges +. Au S. de l'abbaye de Marmoutier, Ste.-Radegonde + & St.-Simphorien. A TOURS... 3 l.

TROYES............	E.	D'Orléans à Sens & à Troyes.	45
VALENCE.........	S.E.	—— Lyon & à Valence....	123
VALENCIENNES..	N.E.	—— Paris & à Valenciennes.	80
Vendôme............	O.	—— Au Mans par Vendôme.	16

ROUTES ET CHEMINS DE TRAVERSE

DE PARIS

Distance de PARIS.

à   Voyez   lieues.

TRAITÉ

ÉLÉMENTAIRE

D'ARITHMÉTIQUE

DÉCIMALE,

Spécialement destiné, par la nature de ses applications et par la forme de ses tables, aux Orfèvres, Bijoutiers, Jouaillers, Horlogers, Agens de change, et autres personnes qui font le commerce des matières d'Or et d'Argent.

PAR le citoyen GUILLARD, *Maître de Mathématiques.*

— — —

A PARIS,

Chez CRAPART, CAILLE ET RAVIER, Libraires, rue Pavée Saint-André, n°. 12.

AN X. (1802).

Faute à corriger dans quelques exemplaires.

Page 14, ligne 1ere, au lieu de ens, lisez en sorte.

AVANT-PROPOS.

IL a paru jusqu'à ce jour plusieurs excellens Traités sur les nouveaux Poids et sur les nouvelles Mesures. Les principes généraux de réduction des nouvelles unités aux anciennes, et réciproquement, y sont exposés avec clarté et précision. Mais, parce que ces différens ouvrages embrassent à la fois toutes les parties du nouveau système métrique, on conçoit qu'ils ne peuvent être ni assez développés pour lever toutes les difficultés que l'on rencontre dans la pratique, ni assez élémentaires pour être à la portée du plus grand nombre, et particulièrement des personnes qui ne connoissent que les quatre premières règles de l'arithmétique. De-là vient peut-être qu'à l'exception de ceux qui ont déjà quelques notions des mathématiques, la majorité du peuple français paroît encore étrangère aux principes et aux applications du Calcul décimal.

J'ai pensé que, pour accélérer la propagation du système des nouveaux Poids, et en faciliter les usages, il seroit utile et même nécessaire d'offrir à certaines classes de citoyens une instruction extrêmement élémentaire, qui ne contînt que la partie du système métrique relative à leurs besoins, et dans laquelle on pût prévoir et résoudre toutes les questions que peuvent faire naître les diverses circonstances de leur art ou profession. C'est au moins le but que je me suis proposé dans l'ouvrage que je publie aujourd'hui en faveur des personnes qui font le commerce des matières d'or et d'argent ; ouvrage qui, s'il pouvoit être accueilli du Public, seroit incessamment suivi d'un nouveau Traité à l'usage des Épiciers et des Apothicaires.

Je ne suppose dans cet écrit d'autres connoissances au lecteur que celles des quatre règles ; j'ai même évité de parler des proportions, et encore moins de la règle de trois, soit directe, soit inverse. En un mot, je n'ai rien négligé, pour que le lecteur puisse facilement entendre et mettre en pratique les différentes formules que je donne, pourvu que, de son côté, il ait l'attention d'exécuter les opérations qu'il verra effectuées , et celles qui ne seront qu'indiquées.

La diversité des prix de l'or et de l'argent, et le défaut d'uniformité dans l'expression du titre ancien de ces deux métaux, m'ont determiné à diviser cette instruction en deux parties. La première traite du Kilogramme; outre les règles du Calcul décimal, la conversion des anciens Poids, et la réduction du Prix et du Titre dans les matières d'argent, elle contient encore les règles d'alliage, d'affinage et d'échange. La deuxième partie traite de l'Hectogramme, et sera particulièrement utile aux personnes qui font le commerce des matières d'or; on y trouve pareillement résolues toutes les questions que l'on peut proposer sur l'or.

AVANT-PROPOS.

Ayant eu occasion, depuis quelque temps, d'enseigner les nouveaux Poids, je n'ai pas manqué de consulter des hommes instruits dans la vente et la fabrication de l'or et de l'argent (1). J'ai profité de leurs lumières et de leur expérience. Ce n'est même que d'après leurs avis et leurs sollicitations, que je me suis décidé à publier ce petit ouvrage; et pour cette raison, j'ose espérer qu'il ne sera pas indigne de la confiance du Public.

---

(1) M. Pontaneau, ancien Orfèvre, et chef de bureau à la maison Thomime et Compagnie, a eu la bonté de me donner des renseignemens qui m'ont été très-utiles; je lui dois en particulier la petite note que j'ai insérée sur le calcul du *doré*.

NOMENCLATURE
DES NOUVEAUX POIDS.

Le Myriagramme vaut 10000 grammes.

Le Kilogramme. . . . 1000 (poids de $2^{liv}5^{gros}$

L'Hectogramme. . . . 100 $35^{grains}\frac{15}{100}$).

Le Décagramme. . . . 10

Le Gramme. 1

Le Décigramme vaut la dixième partie, ou $\frac{1}{10}$ de gramme.

Le Centigramme vaut $\frac{1}{10}$ de décig. ou $\frac{1}{100}$ de gr.

Le Milligramme vaut $\frac{1}{1000}$ de gramme.

TITRES DES MATIERES
D'OR ET D'ARGENT,
Fixés par la Loi du 19 Brumaire An 6.

(Or).			(Argent).		
millièm.	kar.	trente-deuxièm.	millièm.	den.	grains.
920	22	$2\frac{1}{2}$	950	11	$9\frac{6}{10}$
840	20	5	800	9	$14\frac{4}{10}$
750	18	0			

TOLÉRANCE DES TITRES.

pour l'Or.		pour l'Argent.	
millièm.	trente-deuxièmes.	millièmes.	grain.
3	$2\frac{3}{10}$	5	$1\frac{4}{10}$

TRAITÉ

TRAITÉ
DES
NOUVEAUX POIDS.

PREMIÈRE PARTIE.

Du Kilogramme.

CHAPITRE PREMIER.

Du Kilogramme et de ses sous-multiples.
Règles du Calcul décimal.

LE kilogramme est l'unité de poids substituée au marc dans le commerce des matières d'argent. Il pèse environ 4 ^{marcs} 5 ^{gros} 35 ^{grains}, comme il est facile de s'en assurer.

Autrefois le marc étoit partagé en 8 onces,

A

l'once en 8 gros, et le gros en 72 grains. Mais il est évident que cette division étoit absolument arbitraire, et qu'on aurait pu également diviser le marc en 10 ; ou en 100, ou en un autre nombre quelconque de parties égales.

On étoit convenu que le marc seroit composé de 4608 grains ; convenons que le kilogramme qui le remplace sera composé de 1000 grammes.

On concevoit aisément qu'un grain étoit la 4608ème partie du marc, pourquoi auroit-on plus de peine à concevoir qu'un gramme est la millième partie du kilogramme ?

Le gramme est un nouveau poids qui pèse à-peu-près 19 grains ; et le kilogramme qui vaut 1000 grammes, en pèse moins que 19000 : le rapport du kilogramme au marc sera déterminé plus exactement dans le deuxième chapitre.

Pour évaluer des parties d'or ou d'argent, qui peseroient moins que 19 grains, on fait usage de poids dix fois plus petits que le gramme. Un de ces poids inférieurs est le décigramme, il pèse la dixième partie du gramme, et vaut à peine 2 grains.

Le centigramme est un poids dix fois moindre que le décigramme, et par conséquent cent fois plus petit que le gramme ; c'est pour cette raison qu'on l'appelle centigramme. Il est facile de voir que le gramme vaut 10 décigrammes, ou 100 centigrammes, et que le décigramme vaut 10 centigrammes.

Quand on pèsera un lingot, il sera aisé d'exprimer les valeurs des différens poids qu'on emploiera, et par conséquent d'exprimer en nombres le poids total. Il suffira d'écrire les nombres qu'on trouvera gravés sur chaque poids, de manière que les chiffres de même espèce soient les uns au-dessous des autres, comme on le pratique dans l'addition des autres nombres.

Supposons, par exemple, qu'on ait employé 6 des nouveaux poids pour faire équilibre à un lingot d'or ou d'argent, on écrira comme il suit, les nombres gravés sur chacun de ces poids :

5000^{gram}. . . . . 1er poids supposé.
100. . . . . 2^e
10. . . . . 3^e
2. . . . . 4^e
1$decigram$. . . . . 5^e
2$centigram$. . . . 6^e
____
5112^{gram} 12^{centigr} (poids total).

On voit qu'on a placé les décigrammes sous les

décigrammes, les grammes sous les grammes, et ainsi de suite; les centigrammes ont été placés à la droite des décigrammes, parce qu'ils sont dix fois moindres; on a fait ensuite l'addition à l'ordinaire, et on a trouvé 5112 grammes 12 centigrammes pour le poids total : mais comme 1000 grammes représentent 1 kilogramme, 5000 grammes vaudront 5 kilogrammes, en sorte que le lingot pesera 5 kilogrammes plus 112 grammes 12 centigrammes.

Remarque importante.

Quoiqu'on puisse écrire 5112^{gram}12^{centigr} pour le poids du lingot proposé, cependant, pour rapporter le poids de l'argent à une unité principale, savoir le kilogramme, il sera avantageux d'écrire 5,^{kilog}112^{gram}12^{centigr} : la virgule placée entre le chiffre 5 et le chiffre 1, mérite une attention particulière. Elle sert à indiquer que le chiffre 5 qui la précède vaut des unités entières de kilogramme, et que les autres chiffres 11212 qui la suivent, expriment des parties en général dix fois plus petites que le kilogramme.

En effet, le chiffre 1 situé immédiatement à

la droite de la virgule, vaut 1 hectogramme ou 1 centaine de grammes ; et comme le kilogramme vaut 1000 grammes, il s'ensuit que ce chiffre 1 ne vaut que la dixième partie du kilogramme.

Le chiffre 1 suivant vaut 1 décagramme ou 1 dixaine de grammes, et par conséquent ne vaudra que la centième partie du kilogramme.

Il en est de même du chiffre 2 et des autres chiffres suivans, qui décroissent de 10 en 10 à l'égard du kilogramme, à mesure qu'on s'éloigne de la virgule.

Il n'est pas ici question de changer la manière d'énoncer le poids d'un lingot ; nous prononcerons 5^{kil} plus $112^{gram}12^{centigr}$, comme on est dans l'usage de le faire, et nous écrirons.......... $5,^{kil}112^{gram}12^{centigr}$. Mais il étoit nécessaire d'observer que le premier chiffre à la droite de la virgule, vaut 1 dixième de kilogramme ; que le chiffre suivant en vaut la centième partie ; que le troisième exprime des millièmes, le quatrième des dix-millièmes, etc., de kilogramme.

On appelle nombres décimaux, ceux qui, ne valant pas une unité entière (de kilogramme par exemple) n'en expriment que des parties dix fois, cent fois, mille fois, etc., plus petites. Ainsi dans la quantité précédente , 5,kil 112gram 12centigr, le nombre 11212 est un nombre décimal, et ses chiffres sont appelés décimaux, parce qu'ils ne valent pas un kilogramme entier, mais seulement des *dixièmes*, *centièmes*, *millièmes*, etc., de kilogramme; il en seroit de même du nombre 74francs 35centimes, ou 74,francs 35, dans lequel les chiffres 3 et 5 expriment des parties décimales du franc, puisque le premier vaut 3decimes ou 3dixiemes, et le second 5centimes ou 5centiemes de franc. Il sera donc important de se rappeler que les unités entières doivent précéder la virgule, tandis que les chiffres ou caractères décimaux seront placés à sa droite; et s'il arrivoit qu'un lingot ne pesât pas un kilogramme, il seroit toujours à propos de faire usage de la virgule : alors on la feroit précéder d'un zéro, pour avertir que le poids dont il s'agit ne vaut pas une unité de kilógramme. Par exemple, si un lingot pesoit 24 grammes 5 décigrammes, on écriroit 0,kil 024gram 2decigr. Quant au zéro qui suit la virgule, il indique que le lingot en question ne pèse pas 1 centaine de grammes, ou 1 hectogramme.

Cette manière d'exprimer le poids d'un lingot, consiste, comme l'on voit, à le rapporter constamment à l'unité principale qui remplace le marc. Elle aura de plus l'avantage de faciliter aux calculateurs les différentes réductions dont il faudra nous occuper, et de leur ôter toute espèce d'incertitude dans les applications des règles que nous allons exposer.

DE L'ADDITION

DES NOMBRES DÉCIMAUX.

Pour additionner les nombres décimaux, il faut les disposer comme s'ils étoient des nombres entiers, en plaçant les chiffres de même espèce les uns au-dessous des autres ; ensuite, dans la somme, on placera la virgule au même rang qu'elle occupoit dans les nombres au-dessus.

EXEMPLE. On a pesé 3 lingots : le premier pèse 4^{kil} plus $142^{gr}2^{decig}$; le deuxième, 6^{kil} plus $435^{gr}5^{decig}$; le troisième, 1^{kil} plus $989^{gr}5^{decig}$: quel sera le poids total ?.

Je dispose les trois nombres comme il suit :

$$4,^{kil}142^{gram}2^{decig.}$$
$$6,\quad 435\qquad 5$$
$$1,\quad 989\qquad 5$$

TOTAL $12,^{kil}567^{gram}2^{decig.}$

AUTRE EXEMPLE. Ajouter ensemble les poids de 3 lingots : le premier pèse 2^{kil} plus 37^{gram} ; le deuxieme pèse 4^{gram}, et le troisième, 5^{decig} ?

$$2,^{kil}037^{gram}.$$
$$0,\ 004$$
$$0,\ 000 \qquad 5^{decig}.$$

TOTAL $2,^{kil}041^{gram}5^{decig}.$

DE LA SOUSTRACTION

DES NOMBRES DÉCIMAUX.

Si les deux quantités ne contiennent pas le même nombre de chiffres décimaux ou de figures décimales, commencez par poser à la droite de la quantité qui en contient le moins, assez de zéros pour qu'il y ait, de part et d'autre, le même nombre de décimales ; après quoi, disposant les nombres de façon que les chiffres de même nature se correspondent , faites la soustraction comme si vous n'aviez que des entiers ; et posez ensuite la virgule dans le reste, au même rang qu'elle tenoit dans les deux nombres supérieurs.

APPLICATION. Quelle seroit la différence de poids de deux lingots, dont le premier peseroit 7^{kil} plus 47^{gram} ; et le deuxième, 5^{kil} plus..... $898^{gram}5^{decigr}$?

7^{kil} plus 47^{gram} doivent s'écrire ainsi :........ $7,^{kilo}047^{gram}$; le zéro, après la virgule, tient la place des centaines de grammes qui manquent ici, et qui suivent immédiatement le kilogramme : je pose ensuite un zéro à la droite de $7,^{kil}047$, afin qu'il s'y trouve autant de décimales que dans l'autre nombre ; après quoi, je dispose les deux nombres, comme il suit :

$$7,^{kil}047^{gram}0^{decigr}.$$
$$5,\ \ \ 898\ \ \ \ 5$$

Reste $1,^{kil}148^{gram}5^{decigr}.$

Autre **exemple.** Si un lingot pèse 16^{kil} et un autre 15^{kil} plus 2^{decigr}, quelle sera la différence des deux poids ?

J'observe d'abord que 15^{kil} plus 2^{decigr} doivent s'écrire ainsi : $15,^{kil}000^{gram}2^{decigr}$. Il est inutile de rappeler qu'après les kilogrammes, se trouvent les centaines, dixaines et unités de gramme ; et comme aucune de ces trois parties n'est exprimée dans notre exemple, il convenoit de les remplacer par trois zéros ; les décigrammes, d'ailleurs, ne doivent occuper que le quatrième rang à la suite de la virgule.

Je vois de plus que le nombre 16 qui vaut des entiers, ne contient aucune décimale, tandis que le plus petit des deux nombres en renferme 4 ; on posera donc quatre zéros à la suite de 16, afin qu'il se trouve dans les deux quantités le même nombre de figures décimales.

$$16,^{kil}000^{gram}0^{decigr.}$$
$$15,\ 000\quad 2.$$

RESTE $0,^{kil}999^{gram}8^{decigr.}$

DE LA MULTIPLICATION
DES NOMBRES DÉCIMAUX.

PRINCIPE.

Étant donné un nombre composé d'entiers et de chiffres décimaux, on rendra le total 10 fois plus grand, ou on le multipliera par 10, si l'on avance la virgule d'un rang vers la droite ; par 100, si on l'avance de deux rangs, et ainsi de suite.

Soit en effet le nombre $236,^{francs}50^{centimes}$, dans lequel 50 exprime, non des unités de franc, mais des centièmes de franc appelés *centimes*; si l'on avance la virgule d'une place vers la droite, on aura $2365,^{fr}00^{cent}$, quantité dix fois plus forte

A 6

qu'auparavant; si on l'avance de deux places, on aura $23650,^{fr}00^{cent}$, nombre 100 fois plus grand que $236,^{fr}50^{cent}$.

Au contraire, si on recule la virgule d'un, de deux ou de trois rangs vers la gauche, on rendra le nombre total 10, 100, 1000 fois, etc. plus petit. Soit $489,^{kil}345^{gram}$; faites mouvoir la virgule d'un rang vers la gauche, vous n'aurez plus que $48,^{kil}934^{gram}5^{decigr}$; en la reculant de deux rangs, on auroit $4,^{kil}893^{gram}45^{centigr}$, nombre évidemment 100 fois plus petit que $489^{kil},345^{gram}$. De là il suit que pour rendre un nombre 1000 fois plus petit, il faudra transposer la virgule de trois rangs vers la gauche; et si c'étoit un nombre entier, il faudroit, à l'aide d'une virgule, retrancher trois chiffres sur la droite. Ainsi, pour rendre 23400^{f} mille fois plus petit, on écrira $23,^{fr}400$ ou $23,^{fr}40^{c}$; pour le diviser par 10000, on écrira $2,^{fr}3400$ ou $2,^{fr}34^{cent}$. Cela posé, venons à la multiplication des chiffres décimaux.

Multipliez les nombres décimaux comme s'il n'y avoit pas de virgule, ou comme s'ils étoient des nombres entiers; mais ayez l'attention de séparer dans le produit sur la droite, à l'aide de la virgule, autant de caractères qu'il y avoit de figures décimales tant dans le multiplicande que dans le multiplicateur.

EXEMPLE PREMIER. Si un kilogramme d'or coûtoit 3319,^{fr}25^c, quel seroit le prix de 7 kilogrammes ?

Il est évident qu'il faut multiplier 3319,^{fr}25^c par 7. Or, en exécutant la multiplication comme s'il n'y avoit pas de virgule, on trouve pour résultat 2323475. Mais comme il y a deux décimales dans un des deux nombres qu'on a multipliés, il faut retrancher, à l'aide de la virgule, deux chiffres sur la droite, en sorte que le produit véritable sera 23234,^{fr}75^c, prix des 7 kilogrammes ; et en voici la raison.

En négligeant la virgule, on a multiplié 331925^{fr} par 7, tandis qu'on devoit seulement multiplier 3319,^{fr}25^c par 7. On a donc multiplié par 7 un nombre 100 fois trop grand. Donc le résultat 2323475^{fr}, qu'on a d'abord trouvé en supprimant la virgule, est 100 fois trop fort. Il faut donc le rendre 100 fois plus petit, ou le diviser par 100. Or, pour y parvenir, il suffit, suivant le principe précédent, de retrancher les deux derniers chiffres sur la droite, au moyen d'une virgule, en sorte que le véritable produit sera 23234,^{fr}75^{cent}.

EXEMPLE II. Un kilogramme d'argent coûte 215,^{fr}48^c, combien doivent coûter 3,^{kil}246^{gram}?

Tableau de l'opération.

```
215,48  multiplicande.
  3,246 multiplicateur.
─────────
  129288
   86192
   43096
   64644
─────────
699448o8 ( produit trouvé en négligeant la virgule ).
─────────
699,$^{fr}$448o8 ( produit véritable ).
```

EXPLICATION.

Pour avoir le vrai produit, on a écrit 699,^{fr}448o8, c'est-à-dire on a séparé 5 chiffres sur la droite du produit primitif, au moyen d'une virgule, parce qu'il y a 5 décimales en tout dans le multiplicande et le multiplicateur. En voici la raison:

En faisant l'opération comme s'il n'y avoit pas de virgule, on considère le chiffre 8 du multiplicande et le chiffre 6 du multiplicateur comme exprimant des unités entières, tandis que l'un exprime 8 *centièmes*, et l'autre 6 *millièmes* d'unité. Le multiplicande devient donc 100 fois trop grand, et le multiplicateur 1000 fois trop grand; le produit trouvé devient par conséquent 100 fois 1000 ou bien 100000 fois plus grand qu'il ne devroit être; il faut donc le rendre 100000 fois plus petit, ou ce qui revient au même, faire en sorte que le dernier chiffre 8 exprime, non des unités, mais des *cent-millièmes* d'unité, ou des *cent-millièmes* de franc. Or, c'est l'effet que produit le placement d'une virgule entre le chiffre 9 et le chiffre 4. Car alors le dernier chiffre 8 se trouve au 5me rang à la suite de la virgule, et exprime par conséquent des *cent-millièmes*. Il sera donc nécessaire de retrancher dans le produit, par une virgule, autant de caractères qu'il y a de figures décimales dans les deux nombres qu'on a multipliés, sans perdre de vue que tous les caractères qui suivent la virgule, fussent-ils même des zéros, doivent compter pour figures décimales.

A 3

REMARQUE. Le produit précédent 699,^{fr}44808 exprime le prix de 3,^{kil}246^{gram}. Mais si l'on fait attention que le troisième chiffre décimal 8 vaut 8 millièmes de franc, et que nous n'avons pas de monnoie au-dessous des *centimes*, on pourra négliger les trois dernières décimales, et ne conserver que les deux premières. Ainsi 3,^{kil}246^{gram} coûteront 699,^{fr}44^{c}, ou plutôt 699,^{fr}45^{c}, en prenant le fort denier, comme nous le ferons à l'avenir.

EXEMPLE III. Si le kilogramme valoit 214^{fr}, combien coûteroient 2 décigrammes ?

$$214^{fr}.$$
$$0,^{kil}000^{gram}2^{decigr}.$$
$$\overline{428}$$
$$0,^{fr}0428 \text{ (produit exact).}$$

Les 2 décigr. vaudront 0,^{fr}04^{cent}, en ne conservant que les deux premières décimales.

D'abord on a trouvé 428 pour résultat de la multiplication ; et il faut, suivant la règle précédente, séparer 4 caractères dans le produit, puisqu'il y a 4 figures décimales dans le multiplicateur

(le multiplicande n'en renfermant aucune). Mais comme on n'a trouvé que 3 chiffres significatifs, on a mis un zéro sur la gauche, afin de completter le nombre de figures décimales; de-là je tire la règle suivante :

Si, après avoir fait la multiplication, il ne se trouve pas dans le produit autant de chiffres qu'il y a de figures décimales dans le multiplicande et dans le multiplicateur, posez sur la gauche des chiffres trouvés, assez de zéros pour completter le nombre de figures décimales ; plaçant ensuite une virgule, vous la ferez précéder d'un zéro, pour indiquer que la quantité dont il s'agit ne vaut pas une unité entière.

Pour se rendre familière la règle de la multiplication des parties décimales, il sera très-utile de résoudre les trois questions suivantes :

Le kilogr. } 217,^{fr}52^c . . . . . } 9,^{kil}429^{gr}.
coûtant. . } 218, 45 combien } 12, 345 2$^{decig.}$
           } 219, 08 . . . . . } 24, 450 5

On doit trouver les trois sommes ci-dessous;

2051^{fr}.
2696, 81^{cent}.
535₡ 62 .

REMARQUE. Les opérations que nous venons d'exécuter sont moins pénibles que celles pratiquées dans l'ancien système; et si l'on doutoit qu'elles fussent plus courtes, pour faire la comparaison on pourroit résoudre la question suivante, absolument semblable à celles dont nous venons de nous occuper.

1 marc coûte $51^{\#}$ 19^{s} 11^{d} $\frac{4}{5}$.

Combien coûteront 49^{m} 7^{onc} 6^{gros} 69^{grains} $\frac{3}{11}$?

DE LA DIVISION

DES CHIFFRES DÉCIMAUX.

PREMIER PRINCIPE.

Si on multiplie le dividende par 10, 100, 1000, ou par un nombre quelconque, sans rien changer au diviseur, le quotient deviendra 10, 100, 1000 fois plus grand, et augmentera dans la même proportion que le dividende.

SECOND PRINCIPE.

Si on multiplie le dividende et le diviseur en même temps par 10, 100, ou par tout autre nombre, le quotient ne sera pas changé; il en est de même si on divise le dividende et le diviseur par la même quantité. Ainsi,

8 divisé par 2 donne constamment 4 pour quotient.
80 20
800 . . . 200
etc. . . . etc.

Ces deux principes vont nous servir à expliquer les différens cas de la division des nombres décimaux.

PREMIER CAS. *S'il y a des décimales dans le dividende, et qu'il n'y en ait aucune dans le diviseur, faites la division sans avoir égard à la virgule; mais retranchez ensuite dans le quotient, à l'aide d'une virgule, autant de caractères qu'il y avoit de décimales dans le dividende.*

APPLICATION. Si 8 kil. d'argent avoient coûté 1729,^{f}28^{c}, à combien reviendroit le kilogramme?

SOLUTION. Négligeant la virgule, je divise 172928 par 8.

$$\text{Dividende } 172928 \left.\begin{array}{l} \\ 12 \\ 49 \\ 12 \\ 48 \\ 00 \end{array}\right\} \begin{array}{l} \text{8 diviseur.} \\ \hline 21616 \\ 216,^{fr}16^{c}\text{, vrai quotient.} \end{array}$$

Ainsi le kilogramme revient à 216,^{fr}16^{cent}. Il est facile de voir que la virgule étant supprimée, le dernier chiffre 8 du dividende devient des unités, tandis qu'il ne valoit que 8 *centièmes* d'unité avant la suppression de la virgule. Il faut donc aussi que le dernier chiffre du quotient exprime des centièmes; et c'est ce qui a lieu quand on a retranché, par une virgule, les deux derniers chiffres. En un mot, en supprimant la virgule dans le dividende, on le multiplie par 100; donc le quotient trouvé 21616 est 100 fois trop grand; et pour le rendre 100 fois plus petit, on écrira 216,^{fr}16^{c}; ce qui place le dernier chiffre 6 au rang des *centièmes*.

SECOND CAS. *S'il se trouve le même nombre de décimales dans le dividende et dans le diviseur, on fera l'opération sans avoir égard à la virgule, ou comme si l'on n'avoit que des nombres entiers.*

APPLICATION. Si le kilogramme d'or coûtoit 3308,^{fr}50^c, combien en auroit-on . . . . . . pour 29776^{fr},50^c?

Sans faire attention à la virgule, je divise 2977650 par 330850, et je trouve 9 pour quotient. Ainsi on aura 9 kil. pour 29776,^{fr}50^c. On voit qu'en supprimant la virgule dans le dividende et dans le diviseur, on les multiplie l'un et l'autre par 100, ce qui ne change pas le quotient. (Voyez le second principe de la division des chiffres décimaux.)

TROISIÈME CAS. *S'il y a plus de décimales dans le dividende que dans le diviseur, avancez la virgule vers la droite dans les deux nombres d'autant de places qu'il y a de décimales dans le diviseur; par ce moyen il ne se trouvera plus de décimales que dans le dividende, et on retombera dans le premier cas.*

EXEMPLE. Si on avoit à diviser 17,12304 par 0,47, on avanceroit la virgule de deux rangs dans le dividende et dans le diviseur ; on auroit alors à diviser 1712,304 par 47, et en suivant la règle prescrite pour le premier cas, on trouveroit 36,432 pour quotient.

QUATRIÈME CAS. *Si le dividende ne contient aucune décimale, ou s'il en contient moins que le diviseur, commencez par poser, à la suite du dividende, assez de zéros pour qu'il renferme autant de figures décimales que le diviseur ; supprimez ensuite la virgule, et faites la division comme si vous n'aviez que des nombres entiers. (Voyez le second cas).*

EXEMPLE PREMIER. Si 8,^{kil}253^{gr} ont coûté 1784,^{fr}71^c, quel sera le prix du kilogramme ?

1784,^{fr}71^c sera le dividende ; je pose un zéro à sa droite, afin qu'il contienne le même nombre de figures décimales que le diviseur ; je supprime ensuite la virgule de part et d'autre.

Voyez l'opération développée.

$$\left.\begin{array}{l} 1784710 \\ 13411 \\ 51580 \end{array}\right\} \begin{array}{l} 8253 \\ \hline 216,^{fr}24^{c}, \text{ prix du kilogr.} \end{array}$$

dernier reste   2062

20620
41140
8128

EXPLICATION.

On a d'abord trouvé pour quotient 216^{fr}, et pour dernier reste 2062. On a posé un zéro à la suite de ce reste ; puis continuant la division, on a eu 2 dixièmes de franc ou 2 décimes ; on a encore mis un zéro à la suite du reste 4114, pour avoir 4 centimes en continuant de diviser. D'où l'on voit *qu'après avoir terminé la division du dividende proposé par le diviseur, on pourra poser successivement un zéro à la suite du dernier reste, et des restes suivans, pour obtenir au quotient des dixièmes, centièmes, millièmes, dix-millièmes, etc. de l'unité principale dont il sera question.*

EXEMPLE II. Le kilogramme étant à 215,^{fr}46^c, combien aura-t-on de kilogrammes pour 1247^{fr}?

Je pose deux zéros à la suite de 1247 pour qu'il y ait de part et d'autre le même nombre de figures décimales. Voyez l'exemple.

$$\left.\begin{array}{r} 124700 \\ \text{Reste } \;16970 \end{array}\right\} \begin{array}{l} 21546 \\ \hline 5,^{kil}787^{gr}6^{decigr}. \end{array}$$

$$\begin{array}{r} 169700 \\ 188780 \\ 164120 \\ 132980 \\ 3704 \end{array}$$

Ainsi pour 1247^{fr} on aura 5,^{kil}787^{gr}6^{decigr}.

EXEMPLE III. Le kilogramme coûtant 215,^{fr}75^c, combien en aura-t-on pour 149^{fr}?

On divisera 149,00 par 215,75, ou 14900 par 21575. Mais le dividende ne contenant pas le diviseur, on posera un zéro au quotient ; ce qui indique qu'avec 149 francs on ne peut avoir un kilogramme. Ensuite on posera un zéro à la droite de 14900, et des restes successifs. Voyez le détail suivant.

$$\left.\begin{array}{r}149000 \\ 195500 \\ 132500 \\ 3050\end{array}\right\} \begin{array}{c}21575 \\ \hline 0,^{kil}690^{gr}6^{decigr}.\end{array}$$

On aura donc seulement $0,^{kil}690^{gr}6^{decigr}$ pour la somme de 149 francs.

CHAPITRE II.

Usages des règles précédentes pour la réduction des nouveaux Poids aux anciens, de leurs prix et titres réciproques, dans les matières d'argent.

I.

Réduction des Kilogrammes en Marcs, Onces, Gros et Grains.

POUR réduire une quantité proposée de kilogrammes en marcs, il suffit de connoître le rapport du kilogramme au marc, ou combien le kilogramme vaut de marcs. Or il est facile de vérifier que le kilogramme vaut, à très-peu de chose près, 4 marcs 5 gros 35 grains; il équivaut donc à 32 onces 5 gros 35 grains, ou à 261 gros 35 grains, ou enfin à 18827 grains.

Si, dans l'hypothèse que le kilogramme vaut 18827 grains, nous voulions déterminer à combien de marcs répond cette quantité, il faudroit se rappeler qu'un marc est composé de 4608 grains, et diviser 18827 par 4608; on trouveroit d'abord 4 unités ou 4 marcs pour quotient : et si, à la suite de chaque reste, on pose un zéro pour avoir des dixièmes, centièmes, et en général des parties décimales du marc, on trouvera que 4 marcs 5 gros 35 grains sont la même chose que 4,^{marcs}08575. Dans le premier rapport, le marc est divisé en 4608 parties; dans le second, on le conçoit partagé en 100000, et on en est le maître. L'un nous fait voir que le kilogramme vaut 5 gros 35 grains de plus que 4 marcs; l'autre, que le kilogramme vaut 4 marcs, et en sus 8575 *cent-millièmes* de marc; et si on réfléchit que 8575 est à-peu-près la douzième partie de 100000, on pourra dire que le kilogramme vaut 4 marcs $\frac{1}{12}$.

Dans les applications suivantes, nous emploierons de préférence le rapport du kilogramme au marc, exprimé par le nombre 4,08575. Il rendra extrêmement faciles les différentes réductions que nous avons à faire, si, sur-tout on se souvient de séparer, dans le résultat de la multiplication, à l'aide d'une virgule, autant de caractères qu'il y a de figures décimales dans les deux nombres qu'on aura multipliés.

Remarque. Dans la division précédente de 18827 par 4608, on devroit poser 4 pour dernier chiffre du quotient, au lieu de 5 ; mais si l'on fait attention que le kilogramme vaut un peu plus que 18827 grains, c'est-à-dire 18827 grains $\frac{15}{100}$ de grain, on ne sera plus étonné que le dernier chiffre décimal ait reçu une légère augmentation. Au surplus voyez la division suivante du nombre 18827^{grains},15 par 4608, afin qu'il n'y ait aucun doute sur l'exactitude du rapport 4,08575.

$$18827,15 \left.\begin{array}{c} \\ \\ \end{array}\right\} \begin{array}{c} 4608 \\ \hline 4,08575 \end{array}$$

(Premier cas de la division des nombres décimaux).

$$
\begin{array}{r}
18827,15 \\
395\ 15 \\
26\ 510 \\
3\ 4700 \\
24440 \\
1400
\end{array}
$$

Exemple premier. Un orfèvre a livré 17 kil. d'argenterie, à combien de marcs, onces, gros et grains répond cette quantité ?

Solution. Si un kilogramme valoit 4 marcs exactement, on voit qu'il faudroit répéter 4 marcs 17 fois, c'est-à-dire il faudroit multiplier 4 par 17.

Mais le kilogramme vaut 4,^{marc}08575. C'est donc 4,08575 qu'il faudra multiplier par 17 ; c'est-à-dire *pour réduire une quantité proposée de kilogrammes en marcs, on la multipliera par le nombre* 4,08575.

Multiplions 17 par 4,08575, nous aurons pour produit 69,^{marcs}4577, en ne conservant toutefois que les 4 premières décimales. Donc 17 kil. sont équivalens à 69,^{m}4577, c'est-à-dire à 69^m plus 4577 *dix-millièmes de marc.*

Voulons-nous avoir les onces, mettons à l'écart les 69 marcs, et multiplions la partie décimale 0,^{m}4577 par 8, nous aurons 3,^{onc}662, en nous bornant aux trois premières décimales.

Écartant encore les 3 onces, on multipliera par 8 la fraction décimale 0,^{onc}662 pour avoir les gros, et on trouvera 5,^{gros}296.

Enfin, si on multiplie 296 millièmes de gros ou 0,^{gros}296 par 72, on aura 21 grains.

Ainsi 17 kilogrammes valent 69^{m}3^{onc}5^{gros}21^{grains}.

Exemple II. Combien 2^{kil}112^{gr}5^{décig} valent-ils de marcs, onces, etc.

SOLUTION. Je multiplie, suivant la règle précédente, 4,08575 par 2,1125. Voyez les calculs
suivans.

4,08575 (rapport du kil. au marc).
2,1125
____

2042875	$2,^{kil}1125^{gr}3^{decig}$ valent 8,^{m}6311
817150	8
408575	___________
408575	5^{onc},0488
817150	8
___________	___________
8,631146875	0,^{gros}3904
	72
	___________
	7808
	27328
	___________
	28,1088

Donc 2,^{kil}1125gram5decig sont équivalens à . . .
8^{m}5onc0gros28grains.

Exemple III. Convertir 12 grammes 1 décigramme en marcs, onces, etc.

$$,4,08575$$
$$0,^{kil}0121$$

$$408575$$
$$817150$$
$$408575$$

$$49437575$$

$$0,^{mo}0494$$
$$8$$

$$0,^{onc}3952$$
$$8$$

$$3,^{gros}1616$$
$$72$$

$$3232$$
$$11312$$

$$11,6352$$

Ainsi 12 grammes 1 décigramme valent 3 gros 12 grains à-peu-près.

On voit qu'on a posé un zéro sur la gauche du

produit trouvé ; c'est afin de completter les 9 figures décimales qui se trouvent tant dans le multiplicande que dans le multiplicateur. (Voyez l'Exemple III de la multiplication des chiffres décimaux).

On voit de plus que, pour convertir en onces les parties décimales du marc, on s'est contenté de multiplier par 8 les 4 premiers chiffres décimaux ; la raison en est que les chiffres suivans expriment des parties assez petites du marc, pour qu'on puisse les négliger, sans qu'il en résulte une erreur sensible. On se souviendra d'en user ainsi dans des circonstances semblables.

I I.

Réduction des Marcs, Onces, Gros et Grains en Kilogrammes.

Pour évaluer les marcs en kilogrammes, il faut déterminer le rapport du marc au kilogramme. Or comme le kilogramme vaut 4,^{m}08575, il est évident que s'il valoit exactement 4 marcs, un marc ne vaudroit que le quart du kilogramme : ainsi le rapport du marc au kilogramme seroit $\frac{1}{4}$. Donc, le kilogramme étant égal à 4,^{m}08575, le

rapport

rapport exact du marc au kilogramme, dépendra du quotient de 1 par 4,08575.

Faisons cette division, en mettant d'abord 5 zéros à la suite de 1, puisqu'il y a 5 décimales dans le diviseur; puis supprimons la virgule; et comme le dividende ainsi préparé ne contient pas le diviseur, posons un zéro au quotient pour indiquer que le marc ne vaut pas un kilogramme ; après quoi, mettant un zéro de plus à la suite du dividende, et ayant l'attention d'en faire autant à l'égard des restes successifs, nous aurons pour quotient 0,24475. (Voyez l'opération).

$$
\begin{array}{ll}
 & \hspace{2em} 408575 \\
100000 \quad 0 & \Big\} \overline{} \\
18285 \quad 00 & \quad 0,^{kil}244 \quad 75 \\
1942 \quad 000 & \\
307 \quad 7000 & \\
21 \quad 69750 & \\
1 \quad 26875 &
\end{array}
$$

Le rapport du marc au kilogramme sera donc exprimé par le nombre 0,24475 ; c'est-à-dire que le marc vaut 0^{kil}244^{gram}75^{centig}.

Divisons ce nombre par 8, nous aurons pour

quotient 0,030594; ce sera le rapport de l'once au kilogramme. Ainsi l'once vaut (en se bornant aux cinq premières décimales) $0,^{kil}030gram5g^{centigr}$.

Continuant de diviser 0,030594 par 8, et le résultat qui en proviendra par 72, on aura successivement le rapport du gros et du grain au kilogramme : on trouve les quatre valeurs suivantes :

Le marc vaut $0,^{kil}24475$

L'once. . . . 0,   030594

Le gros. . . . 0,   003824

Le grain. . . 0,   0000531

Tels sont les quatre nombres par lesquels il faudra multiplier respectivement les marcs, onces, gros et grains pour les convertir en kilogrammes.

EXEMPLE PREMIER. Convertir $6^{m}4^{onc}7^{gros}8^{grains}$ en kilogrammes ?

Je multiplie 6^{m} par 0,24475

4^{onc} par 0,030594

7^{gros} par 0,003824

8^{grains} par 0,0000531

J'ajoute ensuite les quatre produits partiels, et

m'arrêtant aux quatre premières décimales , je trouve 1,6181 ; c'est-à-dire, que 6^{m}4^{onc}7^{gros}8^{grains} valent 1,^{kil}618^{gram}1^{decigr}.

Pour vérifier ce résultat, il faut se proposer de changer en marcs 1^{kil}618^{gram}1^{decigr}, en multipliant cette quantité par 4,08575, comme on l'a enseigné au n°. précédent, et on doit retrouver. . . . . . 6^{m}4^{onc}7^{gros}8^{grains}. Je laisse au lecteur le soin de faire cette preuve.

Exemple II. Combien 5^{onc}6^{gros} valent-ils en kilogrammes ?

Je multiplie
5^{onc} par 0,030594 rapport de l'once ⎱ au kilog.
6^{gros} par 0,003824. . . . . . . du gros ⎰

et je trouve que 5^{onc}6^{gros} répondent à. . . . . . . 0^{kil}175^{gram}9^{decigr}.

Exemple III. Convertir trois grains en kilogr. ?
Je multiplie 3 par 0,000053 1 qui exprime le rapport du grain au kilogramme, et je trouve à-peu-près 0,00016 ou 16 centigrammes pour valeur de 3 grains.

Nota. Le rapport du grain au kilogr. exprimé

par le nombre 0,00005 , indique qu'un grain vaut
5 centigrammes. Donc 1 centigramme ne vaudra
guères que $\frac{1}{5}$ de grain. C'est une quantité très-
petite ; c'est pourquoi on est dans l'usage de négliger les centigrammes dans le commerce des
matières d'argent.

Pour acquérir de plus en plus l'habitude du
calcul décimal, il sera utile de vérifier les trois
résultats suivans :

$$
\left.\begin{array}{llll}
5^{m} & 2^{onc} & 3^{gros} & 3^{grains} \\
3 & 1 & 7 & 5 \\
8 & 0 & 1 & 69
\end{array}\right\}
\text{ sont équiva-}\atop\text{lens à}
\left\{\begin{array}{lll}
1,^{kil} 296^{gram} 6^{decig} \\
0, \quad 791 \quad\; 9 \\
1, \quad 965 \quad\cdot\; 5
\end{array}\right.
$$

I I I.

Réduction du prix du Kilogramme au prix du
Marc.

QUESTION PREMIÈRE. En supposant que le kilogramme d'argent coûte 215,^{fr}25^{c}, à combien
revient le marc ?

RÉPONSE. Si l'on demandoit combien doivent
coûter 3 ou 4 kilogrammes, lorsqu'un seul coûte
215,^{fr}25^{c}, il est évident qu'il faudroit multiplier

2r5,25 par 3 ou par 4. Or 1 marc vaut o,^{kil}24475 : il faudra donc multiplier 215,25 par o,24475.

Concluons de-là que, connoissant le prix du kilogramme, il faudra le multiplier par le nombre o,24475, pour avoir le prix du marc.

Si l'on fait la multiplication de 215,25 par o,24475, on trouvera 52,^{fr}68^c pour le prix du marc.

QUESTION II. Si le kilogramme coûtoit. . . . . 216,^{fr}35^c, quel seroit le prix de l'once ?

RÉPONSE. On peut commencer par calculer le prix du marc, en multipliant 216,35 par o,24475, comme le prescrit la règle précédente, et on aura 52,^{fr}95^c pour le prix du marc ; on divisera ensuite par 8 le nombre 52,95, et le quotient 6,62 nous apprendra que l'once vaut 6^{fr},62^c.

On pourroit encore parvenir plus directement au même résultat, en multipliant 216,35 par o,036594 qui exprime le rapport de l'once au kilogramme ; et on auroit également 6,^{fr}62^c pour le prix de l'once.

QUESTION III. Si le kilogramme coûtoit 216^{fr}, quel seroit le prix d'un gros ?

B 3

RÉPONSE. Je multiplie 216 par le nombre 0,003824 qui exprime le rapport du gros au kilogramme, et j'ai 0,^{f}82^c à-peu-près pour le prix d'un gros d'argent.

On pourra vérifier les trois solutions suivantes :

Le kilogr. coûtant
$$\left\{ \begin{array}{l} 215,^f95^c, \text{ le marc coûte} \\ 216,\ \ 75, \text{ l'once.} \ . \ . \ . \ . \\ 227,\ \ 15, \text{ le gros.} \ . \ . \ . \ . \end{array} \right\} \begin{array}{l} 52,^f85^c \\ 6,\ \ 63 \\ 0,\ \ 87 \end{array}$$

QUESTION IV. Si le kilogramme coûte. . . . . 215,^{f}25^c, à combien reviendra le marc en livres (tournois) ?

RÉPONSE. On calculera d'abord le prix en francs, et on aura 52,^{f}68^c. Il ne reste plus qu'à réduire ce nombre en livres. Or, pour y parvenir, on pourra faire usage de la règle suivante dans les cas les plus ordinaires.

Au nombre de francs que vous voulez réduire en livres, ajoutez la 80ᵉ partie de ce nombre, vous aurez les livres (tournois).

Mais, pour diviser un nombre tel que 52,68, ou tout autre par 80, il n'y a qu'à le diviser par 10, et le résultat par 8. En divisant d'abord par 10, on a 5,268 (voyez le principe de la multiplication des chiffres décimaux, qui consiste à reculer la virgule d'un rang vers la gauche, pour rendre un nombre dix fois plus petit). Divisant ensuite 5,268 par 8, on a 0,66 pour quotient. C'est la quantité qu'il faut ajouter au nombre proposé de francs, pour avoir les livres.

$$52,^{fr}68^{c}$$
$$0,\ 66$$
$$\overline{}$$
$$53,^{\#}34$$
$$\text{ou } 53^{\#}\ 6^{s}\ 9^{d}\ \tfrac{6}{10}$$

D'où l'on voit que, pour convertir les francs en livres, il faudra d'abord reculer la virgule d'un rang vers la gauche, diviser par 8 le nombre ainsi préparé, et ajouter le quotient à la quantité de francs qu'il falloit réduire : ensuite on multipliera par 20 et 12 successivement les chiffres décimaux pour avoir les sous et les deniers.

Cette règle est fondée sur ce que 80 francs valent 81 livres ; d'où il suit que 1 franc vaut $\frac{81}{80}$ de livres, c'est-à-dire, une livre et $\frac{1}{80}$.

B 4

Mais si 81 livres valent 80 francs, une livre vaudra $\frac{80}{81}$ de franc, c'est-à-dire, 1 franc moins $\frac{1}{81}$: ce qui nous fournit la règle suivante pour réduire les livres en francs.

Divisez par 81 le nombre de livres proposé; ôtez ensuite le quotient de ce nombre, le reste exprimera les francs.

Soit pour exemple 4845 livres à réduire en francs, je vais diviser ce nombre par 81; ou ce qui revient au même, par 9 d'abord, et le quotient ensuite par 9, puisque 9 fois 9 donnent 81. En divisant 4845 par 9, j'ai 538,333. Je divise aussi par 9 le quotient 538,333, et j'obtiens 59,815.

C'est la 81ᵉ. partie de 4845.

De. 4845,000   (voyez la soustraction des

j'ôte.   59,815   nombres décimaux).

Reste. 4785,185

4785,^{fr}18^{cent}, valeur de 4845 livres.

Quant à la réduction des sous et deniers en francs, je me contente d'exposer la règle suivante :

Il faut multiplier les sous par 0,0494

             les deniers par 0,0041

I V.

Réduction du prix du Marc au prix du Kilo-gramme.

Proposons-nous cette question : le marc coûte 53^{fr}55^c, combien coûtera le kilogramme ?

Solution. On se rappelle que le kilogramme vaut 4,^{m}08575 ; la question se réduit donc à celle-ci : un marc coûte 53^{fr}55^c, combien doivent coûter 4,^{m}08575 ? On voit qu'il faudra multiplier 53,^{fr}55^c par 4,08575.

En général, pour réduire le prix du marc au prix du kilogramme, multipliez le prix du marc par 4,08575 qui exprime le rapport du kilogramme au marc.

Effectuons la multiplication de 53,^{fr}55 par 4,08575 ; nous aurons pour produit 218,79. Donc le kilogramme revient à 218,^{fr}79^c, dans la supposition que le marc soit à 53,^{fr}55^c. Il sera aisé de faire la preuve en faisant usage de la règle qui est contenue dans l'article précédent.

Autre question. Quel seroit le prix du kilogramme, si l'once d'argent valoit 6,^{fr}65^c ?

B 5

RÉPONSE, Commençons par calculer le prix du marc, en multipliant 6,65 par 8. On obtient 53,f20^c pour le prix du marc. Il ne reste plus à présent qu'à multiplier 53,20 par 4,08575, et on aura 217^f,36^c pour le prix du kilogramme.

Il suit de-là que si l'on donnoit le prix du gros et du grain d'argent, il faudroit d'abord former le prix du marc, et on feroit usage de la règle précédente pour retrouver le prix du kilogramme.

On examinera si le prix du marc étant 53,f15^c, le kilogramme revient à 217,f16^c.

V.

Du Titre de l'Argent.

On étoit convenu de diviser le fin de l'argent en 12 parties appelées *deniers*, et chaque denier en 24 grains. A présent on concevra la pureté de l'argent partagée en 1000 parties, dont chacune sera 1 millième de fin. Un lingot qui ne contiendra pas d'alliage, sera dit au titre 1000 *millièmes*; mais $\frac{1000}{1000}$ valent 1. On pourra donc exprimer le fin total d'un lingot ou par $\frac{1000}{1000}$ ou par 1. Par conséquent, un lingot qui contiendroit

5o millièmes d'alliage , n'auroit que 95o millièmes de fin. Il seroit dit au titre 0,95o.

Réduction du Nouveau Titre à l'Ancien.

Combien de deniers et grains de fin contiendroit un lingot d'argent qui seroit au titre 95o^{mill} ou 0,95o ?

SOLUTION. Le degré de pureté de ce lingot étant exprimé par 0,95o, pour trouver le nombre de deniers de fin , il est évident qu'il faut transformer 0,95o en 12èmes, ou multiplier 0,95o par 12, puisqu'un denier n'est autre chose qu'un douzième de fin. On trouve 11,^{den}4oo pour résultat de la multiplication. Évaluons en grains de fin les 4oo millièmes de denier, ou 0,^{den}4oo. Il suffit pour cela de multiplier cé nombre par 24, puisqu'un denier de fin est composé de 24 grains. On aura pour produit 9,^{grains}6oo. Donc 0,95o de fin sont équivalens à 11^{den}9^{grains}$\frac{6}{10}$, ou valent presque 11^{den}10^{grains}.

De cet exemple on déduira la règle suivante :

Connoissant le titre exprimé en millièmes,

multipliez-le par 12 , *et la partie décimale résultante par* 24 , *pour avoir l'ancien titre, c'est-à-dire les deniers et grains de fin.*

Application. Si l'on a de l'argent à 800^{mill}, quel sera le nombre de deniers et grains de fin ?

Je multiplie 0,800 par 12 , et je trouve 9,^{den}600. Je multiplie ensuite 0,^{den}600 par 24 , et je trouve 14$^{grains}\frac{4}{10}$. Donc 0,800 valent 9^{den}14$^{grains}\frac{4}{10}$.

Il sera facile de trouver, en suivant le même procédé, que,

$$\left.\begin{matrix} 0{,}935 \\ 0{,}986 \\ 0{,}925 \end{matrix}\right\} \text{ sont équivalens à } \left\{\begin{matrix} 11^{den}\ 5^{grains}\ \frac{3}{10}. \\ 11 \quad\ 20. \\ 11 \quad\ 2 \qquad \frac{4}{10}. \end{matrix}\right.$$

PROBLÊME I.

Si le kilogramme à 950^{mill} vaut 221,^{fr}86^{c}, quel sera le prix d'un autre kilogramme qui seroit au titre 475^{mill} ? (On fait ici abstraction des différences établies d'après le mode de coter à la bourse).

Solution. Il est évident que le prix du kilogramme (toutes choses égales d'ailleurs) doit être proportionnel au titre. Cela posé, le titre 475 étant la moitié du titre 950, le prix du kilogramme au titre le plus bas doit être deux fois moindre, ou de 110,^{fr}93^c. Or, avec un peu d'attention, on verra qu'en multipliant 475 par 221,86, et en divisant le produit par 950, on trouve 110^{fr}93^c. En effet, multiplier d'abord le prix par 475, puis diviser le produit par 950, c'est prendre la moitié de 221,^{fr}86^c. C'est donc diminuer le prix dans la même proportion que le titre est plus petit.

Cette analyse nous conduit à la règle suivante:

Connoissant le prix du kilogramme au titre 950, si l'on veut déterminer le prix d'un kilogramme qui seroit à un titre différent, multipliez ce titre par le prix connu, et divisez le produit par 950.

Application. Déterminer le prix de 18 grammes 4 décigrammes d'argent au titre 903 mill., en supposant que l'argent à 950 coûte 220 francs.

Je calcule d'abord ce que coûteroit un kilogr. au titre 903, en multipliant 220 francs par 903; je divise ensuite le produit 198660 par 950, et je trouve 209,^{f}12^c pour le prix d'un kilogr. d'argent qui seroit au titre 903 mill. Actuellement, pour avoir le prix de 18 grammes 4 décigrammes, il suffit

B 7

de multiplier 209,ƒ12ᶜ par 0,^{kilo}1^{8gram}4^{decig}, et on trouve 3,ƒ85ᶜ pour le prix du lingot proposé.

PROBLÊME II.

Si le kilogramme d'argent au titre $\frac{1000}{1000}$ vaut 228 francs, quel sera le prix d'un kilogramme au titre 5oo^{mill}?

SOLUTION. Puisque le titre est deux fois moindre, le kilogramme au titre 5oo ne vaudra que 114 fr.; mais en observant qu'on obtient ce résultat en multipliant 228 par 0,5oo, on pourra conclure ce qui suit:

Si l'on veut connoître le prix d'un kilogramme d'argent à un titre quelconque, en adoptant pour base d'estimation le prix du kilogramme au titre $\frac{1000}{1000}$, il faudra multiplier ce prix par le titre exprimé en décimales.

En suivant cette règle, on trouve qu'un kilogramme au titre 8g5 coûte 2o5,ƒ85ᶜ, dans la supposition que le kilogramme à $\frac{1000}{1000}$ coûte 23o^{fr}. Mais il faut se rappeler qu'on doit multiplier 23o par 0,8g5 et non par 8g5.

Réduction de l'Ancien Titre au Nouveau.

On a de l'argent à 11 deniers 8 grains, à combien de millièmes de fin répond cette quantité?

SOLUTION PREMIÈRE.

11 den. 8 grains valent 272 grains. Mais l'argent pur en contient 288. Donc 11 deniers 8 grains valent $\frac{272}{288}$. Divisons 272 par 288, nous aurons 0,944 (en ne prenant que trois décimales). Ainsi de l'argent à 11 den. 8 grains seroit à 0,944, ou 944 millièmes de fin. Concluons de cet exemple que pour réduire l'ancien titre au nouveau, on pourra convertir les deniers en grains, et diviser le nombre total des grains par 288, en observant de continuer la division jusqu'au troisième chiffre décimal.

SOLUTION II.

Un grain de fin n'est autre chose que $\frac{1}{288}$. Si l'on divise 1 par 288, on aura pour quotient 0,003472. C'est la valeur de 1 grain de fin exprimé en millièmes, dix-millièmes, etc. Si donc on veut évaluer en millièmes 272 grains, il n'y aura qu'à multiplier 272 par 0,003472, on trouvera également 0,944.

B 8

TRAITÉ

Donc, pour convertir plus promptement en millièmes un nombre donné de deniers et grains de fin, on réduira le tout en grains, et on multipliera le nombre total des grains par 0,003472.

APPLICATION. Convertir en *millièmes* 10 den. 4 grains.

$$244 \text{ grains.}$$
$$0,003472$$

$$13888$$
$$13888$$
$$6944$$

$$0,847168$$

$$847 \text{ millièmes.}$$

La preuve se fait en changeant 0,847 en deniers et grains, et on retrouve 10 den. 4 grains.

CHAPITRE III.

Des Règles d'alliage, d'affinage et d'é-
change dans les matières d'Argent.

Ce seroit ici le lieu de donner des notions sur les rapports et proportions, sur la règle de Trois soit directe, soit inverse. Mais, outre que cette theorie nous mèneroit trop loin, je pense qu'elle est insuffisante pour démontrer clairement certains cas de la règle d'alliage, qui sont du ressort de l'analyse algébrique ; et je la crois inufile pour démontrer les cas ordinaires. Nous nous conten-terons d'exposer les règles et d'en faire des appli-cations, quand il ne sera pas en notre pouvoir de rendre la démonstration intelligible par le seul secours de l'arithmétique ; et nous essaierons de rendre raison des règles les plus simples.

QUESTION PREMIÈRE. Un lingot d'argent au titre 0,500 pèse 8 kilogrammes, combien d'argent pur ou à $\frac{1000}{1000}$ contient-il ?

Solution. Il est évident qu'il ne contient que 4 kilogrammes d'argent pur, et 4 d'alliage. En effet, 4 kilogrammes de pur réunis aux 4 kilogr. d'alliage forment les 8 kilogr. proposés. Mais il est aisé de voir qu'en multipliant 8 par 0,500, on obtient également 4 kilogr. de fin. D'où il suit *que pour trouver la quantité d'argent à 1000 millièmes contenue dans un lingot, il faudra multiplier le poids du lingot par son titre.*

Il ne sera pas difficile de calculer l'alliage, qui ne peut être que l'excès du poids du lingot sur la quantité d'argent pur.

En effet, soit un lingot à 650 mill. et du poids de 3 kil. 429 gr. 4 décigr. dont on veut déterminer l'alliage. Je calcule d'abord l'argent pur, en multipliant le poids par le titre, comme il vient d'être dit, et je trouve 2,^{kil}229^{gram}1^{decigr} d'argent pur, en négligeant les trois dernières décimales du produit :

De   3,^{kil}429^{gram}4^{decigr} (poids du lingot)

j'ôte 2,   229   1   (argent pur).

———————————

Reste   1,^{kil}200^{gram}3^{decigr} (alliage).

Remarque. La règle précédente est plus expéditive que celle pratiquée dans l'ancien système. En effet, pour calculer la quantité de fin d'un lingot, il ne suffisoit pas de multiplier le poids par le titre, il falloit encore diviser le produit par 288.

Question II. On a 6 kilogr. à 1000 *millièmes*, combien de cuivre faudroit-il y mêler pour faire de l'argent à 500 *millièmes*?

Solution. Il est clair que l'alliage doit être de 6 kilogrammes; car le poids total sera de 12 kilogr. dont la pureté sera deux fois moindre, ou sera de 0,500. Mais il est facile de se convaincre qu'en multipliant 6 par 1000, et en divisant le produit par 500, on obtient également le nombre 12 pour le poids total du lingot après l'alliage; et si de ce poids on soustrait le poids donné, le reste exprimera l'alliage demandé. De cette analyse on peut déduire la règle suivante :

Pour connoître la quantité d'alliage qu'il faut employer afin de réduire le titre d'un lingot, on multipliera le poids du lingot par son titre, on divisera le produit par le titre demandé, et on ôtera du quotient le poids proposé.

Mais le titre 1000 millièmes dont il est question dans notre exemple, pouvant être représenté par 1, et le titre 500 millièmes par 0,500, on voit que pour résoudre la question proposée, tout se réduit à diviser 6 par 0,500, et on a pour quotient le nombre 12, comme nous le savons déjà. Cette circonstance donne lieu à la règle suivante :

Pour déterminer la quantité de cuivre qu'il faut employer afin d'abaisser un lingot d'argent pur à un titre quelconque, divisez le poids par le titre exprimé en décimales, et ôtez ensuite le poids du quotient que vous aurez trouvé.

Applications.

1°. Soit un lingot pesant 1 kil. 9 gram. au titre 986, combien d'alliage pour l'abaisser au titre 950 ?

En suivant la première des deux règles précédentes, il faut multiplier 1,kilo00gram par 986, et diviser le produit par 950, titre demandé ; on trouve pour résultat,

1,kilo47gr23centigr (poids après l'alliage).

J'ôte 1, 009 (poids du lingot).

0,kilo38gr23centigr (alliage qu'il faut employer).

En suivant le même procédé, on trouve que par kilogramme il faut employer 37 gram. 89 centigr., c'est-à-dire 1 onc. 1 gros 65 grains pour 4 marcs 5 gros 35 grains; ce qui fait 2 gros 30 grains par marc, pour réduire le titre 986 (11^{den}20) au titre 950 (11^{den}9$\frac{6}{10}$). Enfin, on trouveroit aussi que pour réduire le titre 950 au titre 800, il faut employer par kilogramme 187 gram. 5 décigram. d'alliage.

2°. Soit un lingot d'argent pur pesant 2 kilogr. 46 gram. 3 décigr., combien faut-il de cuivre pour en faire de l'argent à 986 millièmes?

Puisque le titre du lingot est 1000 millièmes, on divisera le poids par le titre demandé, c'est-à-dire par 0,986.

$$2^{kil},0463 \mid 0,986$$

ou 2046,3 } 986 (troisième cas de la division, chapitre premier).

7430

5280 } 2,0754 (quotient).

3500 } 2,0463 (poids du lingot).

0^k,0291 (reste).

Ainsi, pour réduire le lingot proposé au titre

986, il faut employer 29 gram. 1 décigram. de cuivre.

QUESTION III. On a 10 kil. au titre 493 mill., combien, en échange, pourroit-on donner de kilogr. au titre 986 ? (On fait ici abstraction des frais d'affinage, etc.)

SOLUTION. Il est évident que le titre demandé étant double, on doit donner deux fois moins de poids. On donnera donc 5 kil. au titre 986. Mais observons qu'en multipliant 10 par 493, et en divisant le produit par 986, on trouve également 5 pour résultat; ce qui nous donne lieu de conclure que,

Pour changer une quantité de kilogrammes à un titre donné, en une autre quantité de titre différent, il suffit de multiplier le poids du lingot par son titre, et de diviser ensuite le produit par le titre demandé.

APPLICATION. Changer 3 kil. 2 décigr. au titre 915, contre de l'argent au titre 950.

Je multiplie 3,*killooogram2decigr* par 915, et je divise le produit 2745,1830 par 950, titre demandé. Voyez la division exécutée.

$$2745,1830 \Big\} \frac{950}{2,8897} \quad \text{(premier cas de la division,}$$
$$\text{chap. premier).}$$

8451
8518
9183
6330

Ainsi on donneroit à-peu-près 2,*kil889gram-decigr* d'argent au titre 950, en compensation de 3*kil2decig* qui seroient au titre 915.

QUESTION IV. On fond ensemble 4*kil* à 940*mill*.
7   à 986

quel sera le titre après la fonte ?

SOLUTION.   4*kil* à 940 produisent   3760
7   à 986   6902
——————
10662

Or, 11 kilogrammes multipliés par le titre cherché, doivent également donner 10662. D'où il suit que le titre cherché sera la onzième partie de 10662, ou sera le quotient de 10662 par 11. En faisant la division par 11, on trouve 969 mill. pour le titre demandé; de-là on tire la règle suivante:

Étant donnés deux ou plusieurs lingots de titres différens, pour avoir le titre après le mélange, multipliez chaque poids par son titre respectif, ajoutez tous les produits, et divisez le total par la somme des poids.

APPLICATION. Quel sera le titre après le mélange de trois lingots, savoir;

$$6,^{kil}246^{gram} \text{ au titre } 800$$
$$8, \quad 945 \ldots \ldots 825$$
$$10, \quad 044 \ldots \ldots 986$$

Si l'on multiplie chaque poids par son titre et qu'on ajoute les produits partiels, on trouve 22279,809 qu'il faut diviser par 25,235, somme totale des poids. Avant de commencer la division, on pourra supprimer la virgule dans le dividende et dans le diviseur, parce qu'il y a de part et d'autre le même nombre de figures décimales. (Voyez le second cas de la division, chap. I.) Le quotient sera 883 à-peu-près, c'est-à-dire que le titre, après la fonte, sera 883 millièmes.

Question V. On mêle ensemble 5 kil. 4 gram. au prix de 214,*f*75*c*, et 12 kil. 49 gram. à 217,*f*25*c*, à quel prix faut-il vendre le kilogramme du mélange pour n'y rien perdre, n'y rien gagner?

Réponse. *Multipliez chaque poids par son prix respectif, ajoutez tous les produits ensemble, et divisez le tout par la somme des quantités mêlées.*

En appliquant cette règle, on trouve pour produit total 3692,25425, qu'il faut diviser par 71,*kilo*53*gram*, quantité de mélange.

$$3692,25425 \mid 17,053$$

$$17053 \ (3^e. \text{ cas de la division, ch. I}).$$

ou 3692254,25
28165
111124
88062
27975
10922

216,*f*51*c*, prix du kil. après l'alliage.

Question VI. Etant donnés le poids et le titre d'un lingot, combien d'argent à 986 doit-on employer pour faire de l'argent à 950?

Solution. *Otez le titre le plus petit du titre moyen, multipliez le reste par le poids que vous avez au titre le plus bas, et divisez le produit par la différence du titre le plus élevé au titre moyen.*

Application. Soit un lingot à 800 mill. pesant 1 kil. 5 gram., combien faut-il d'argent à 986 pour en faire de l'argent à 950 ?

> 986, titre supérieur.
> 950, titre moyen.
> 800, titre le plus bas.

Il faut multiplier 150, différence du plus petit au moyen titre, par 1,^{kil}005^{gram}, et diviser le produit 150,750 par 36, différence du titre supérieur au titre moyen. Si l'on suit exactement la règle de la division des chiffres décimaux (chapitre premier et cas premier), on doit trouver 4,^{kil}187^{gram}, qui expriment ce qu'on doit employer d'argent à 986 pour faire de l'argent à 950.

Le même procédé feroit connoître que si l'on veut élever au titre 800 un lingot pesant 3 kil. 4 décigr. qui seroit au titre 790, il faudroit employer 161 gram. 3 décigr. au titre 986.

QUESTION VII. On a de l'argent à 986 mill. et de l'argent à 940, combien faut-il prendre de l'un et de l'autre pour faire de l'argent à 950 ?

SOLUTION. J'ôte le titre moyen du plus élevé, j'ai 36 pour reste, ce qui indique qu'on doit prendre 36 parties du titre le plus bas; j'ôte ensuite le titre le plus petit du titre moyen, le reste 10 indique qu'il faut prendre 10 parties du titre le plus élevé.

REMARQUE. Au lieu de prendre 10 du titre le plus haut, et 36 du titre le plus bas, on pourra prendre 20 de l'un et 72 de l'autre, si on le juge à propos. On pourroit même prendre la moitié, le tiers, le quart, etc. de 10, pourvu qu'on prît aussi la moitié, le tiers et le quart de 36, comme il est facile d'en faire la preuve. On se bornera donc à retenir la règle suivante :

Etant donné de l'argent à deux titres différeus, pour en faire de l'argent à un titre fixé par la loi,

Otez le titre légal du titre le plus élevé,

Otez le titre le plus petit du titre légal,

Le premier reste exprimera ce que vous devez prendre d'argent au titre le plus bas;

Le second, ce que vous devez prendre au titre le plus haut, en observant que tous les multiples ou sous-multiples des deux restes satisfont également à la question.

Fin de la première Partie.

DEUXIÈME PARTIE.

DE L'HECTOGRAMME.

(*Matières d'Or*).

NOTIONS PRÉLIMINAIRES.

L'HECTOGRAMME est un nouveau poids qui remplace l'once dans les matières d'or. Il vaut 100 grammes, c'est-à-dire, 100 fois la valeur de 18 grains $\frac{8}{10}$; car il est facile de vérifier que le gramme vaut un peu plus que 18 grains.

L'once étoit divisée en 8 gros, et le gros en 72 grains; l'hectogramme, au contraire, sera partagé plus uniformément en 10, 100, 1000, etc., parties égales.

Le poids inférieur au gramme est le décigramme; il est ainsi appelé, parce qu'il ne vaut que la dixième partie du gramme. Donc il vaut à peine 2 grains.

Le centigramme est un poids 10 fois moindre que le décigramme, et par conséquent, 100 fois plus petit que le gramme.

Le milligramme est un poids qui n'est que la dixième partie du centigramme ; mais on n'en tient pas compte dans le commerce de l'or.

On peut aisément représenter par des nombres le poids total d'un lingot d'or. Il suffit pour cela d'écrire les valeurs numériques des différens poids, de façon que les décagrammes (ou dixaines de grammes), les grammes, les décigrammes, etc., se correspondent les uns aux autres; et faisant ensuite l'addition à l'ordinaire, on auroit le nombre qui exprime le poids demandé.

Il sera utile de considérer l'hectogramme comme unité principale, et de lui rapporter successivement les autres poids. Supposons, en effet, un lingot d'or du poids de 1 hectogramme 45 grammes 67 centigrammes. Le chiffre 4 qui vaut 4 dixaines de grammes, exprime en même temps, 4 *dixièmes* d'hectogramme, parce que les dixaines étant dix fois moindres que les centaines, ne sont réellement que des *dixièmes* à l'égard de l'hectogramme.

Le chiffre 5 vaut ou 5 grammes ou 5 *centièmes* d'hectogramme ; le chiffre 6 exprime indifféremment 6 décigrammes ou 6 *millièmes* d'hectogramme, et ainsi de suite. C'est une conséquence nécessaire de notre système de numération, qu'en partant d'un chiffre, ceux qui le suivent décroissent de 10 en 10, à mesure qu'on s'éloigne du premier. Donc si le premier chiffre considéré comme point de départ, exprime une unité entière d'hectogramme, il conviendra d'employer un signe, pour indiquer que les chiffres suivans ne valent que des *dixièmes*, *centièmes*, etc., d'hectogramme. On fait usage communément d'une virgule, pour séparer les unités entières de ses parties dix fois plus petites, afin de prévenir parlà toute équivoque. On écrira ainsi le poids dont il est question : $1,^{hect}4^5\,gram6_7\,centigr$. Les caractères qui suivent la virgule, s'appellent chiffres décimaux. On entend donc par nombres décimaux, ou par parties décimales, celles qui vont en décroissant de 10 en 10 à l'égard de l'unité principale dont il s'agit.

Les nombres décimaux sont soumis dans le calcul à des règles que nous avons exposées dans le premier chapitre de la première partie. Le lecteur, avant de passer outre, fera bien de les consulter. Qu'il soit question du kilogramme ou de l'hectogramme, il est évident que les règles et les raisonnemens sont les mêmes. Je me contenterai donc de les rappeler, et dans les réductions que nous avons à faire, et dans les applications aux règles d'alliage.

CHAPITRE PREMIER.

CHAPITRE PREMIER.

De la réduction des Hectogrammes en Onces, de leurs prix et titres réciproques.

I.

Conversion des Hectogrammes en Onces, Gros et Grains.

Pour réduire les hectogrammes en onces, il est nécessaire de connoître le rapport de l'hectogramme à l'once. Or on peut s'assurer que l'hectogramme pèse à-peu-près 3 onces 2 gros 10 grains $\frac{71}{100}$. Mais il est important d'exprimer les 2 gros 10 grains $\frac{71}{100}$ en parties décimales de l'once ; et voici comment on peut y parvenir : 2 gros 10 grains $\frac{71}{100}$ valent 154 grains $\frac{71}{100}$, ou 154,grains 71 ; et comme 1 grain est la 576e partie de l'once, 154,grains 71 vaudront $\frac{154,71}{576}$ d'once. Divisons 154,71

C

par 576, le quotient sera 0,2686. (Voyez la division exécutée).

Diviseur.

Dividende.   576

154,71

0,2686   quotient.

39 51

4 950.

3420.

Ainsi 2 gros 10 grains $\frac{71}{100}$ valent 0^{onc},2686, c'est-à-dire, 2686 *dix-millièmes* d'once; et par conséquent, l'hectogramme équivaut à 3^{onc},2686. Tel est le rapport de l'hectogramme à l'once dont nous ferons usage.

REMARQUE. La division de 154,71 par 576 se fait comme s'il n'y avoit pas de virgule dans le dividende, et on trouve d'abord 26 pour quotient; mais à cause des deux décimales du dividende, on doit écrire 0,26; puis mettant un zéro à la suite de chaque reste, on obtient deux décimales de plus au quotient. C'est une suite de ce qui a été expliqué dans le premier chapitre de la première partie (voyez la division des chiffres décimaux, et particulièrement le premier cas).

EXEMPLE PREMIER. Convertir 7 hectogr. 8 gram. 5 centigr. en onces, gros et grains ?

Puisque l'hectogramme vaut $3^{onc},2686$, il faudra multiplier ce nombre par 7,0805.

Tableau de l'opération.

$$3,^{onc}2686$$
$$7,\ \ 0805$$
$$\overline{\qquad\qquad}$$
$$16343o$$
$$261488$$
$$228802$$
$$\overline{\qquad\qquad}$$
$$23,^{onc}1433|2230$$
$$8 \text{ pour avoir les gros.}$$
$$\overline{\qquad\qquad}$$
$$1,^{gros}1464$$
$$72 \text{ pour avoir les grains.}$$
$$\overline{\qquad\qquad}$$
$$2928$$
$$10248$$
$$\overline{\qquad\qquad}$$
$$10,^{grains}5408$$

Ainsi 7 hect. 8 gram. 5 centigr. équivalent à $23^{onc}1^{gros}10^{grains}\frac{1}{10}$ ou $\frac{1}{7}$.

Explication de l'Exemple précédent.

1°. On a écrit 7,*hectogro8gramo5centigr*; la raison en est que les dixaines de grammes ou les décagrammes suivent immédiatement l'hectogramme. Il a donc fallu poser un zéro pour en tenir la place; c'est pour la même raison qu'on a remplacé les décigrammes par un zéro.

2°. On doit remarquer qu'on a suivi la règle de la multiplication des chiffres décimaux, qui consiste à retrancher, par la virgule dans le produit, autant de figures décimales, qu'il y en a tant dans le multiplicande que dans le multiplicateur. (Voyez le premier chapitre).

3°. Pour avoir les gros, on s'est contenté de multiplier par 8 les 4 premières décimales qu'on voit séparées par une barre des 4 dernières, parce que celles-ci sont d'une trop petite valeur pour influer sur la quantité de gros et de grains qu'on doit avoir. On en usera ainsi, dans des circonstances semblables, pour éviter des longueurs inutiles.

EXEMPLE II. Combien 49 centigrammes valent-ils d'onces, gros et grains ?

47 centigrammes doivent s'écrire ainsi : . . . . .
o,^{hectoogram}47^{centig} : le zéro qui précéde la virgule,
indique que le lingot proposé ne vaut pas 1 hec-
togramme ; et les deux zéros suivans tiennent la
place des dixaines et des unités de grammes, qui
n'ont pas été énoncées.

Voyez le détail de l'opération.

$$3,^{\text{onc}}2686 \text{ (rapport de l'hectogr. à l'once).}$$
$$0, \quad 0047$$
$$\overline{}$$
$$228802$$
$$130744$$
$$\overline{}$$
$$1536242$$

0,^{onc}o153|6242 (voyez l'**Exemple III** de la
      8   multiplic. des chiffres déci-

0^{gros},1224   maux, Ire partie, chap. I).
     72

   2448
   8568

8,^{grains}8128

Donc 47 centigr. valent 8 grains $\frac{1}{10}$, ou 9 grains
(en prenant le fort denier).

Les deux opérations précédentes nous four-
nissent la règle qui suit :

*Pour réduire les hectogrammes en onces, mul-
tipliez-les par 3,2686 ; multipliez ensuite la partie
décimale par 8,72 successivement, pour avoir les
gros et les grains.*

En faisant usage de cette règle, on trouve que

$$6,\text{hect }23\text{gram }5\text{decig} \atop 8,\quad 25\quad\ 0 \Bigg\} \text{ répondent à } \Bigg\{ {2\text{onces }3\text{gros }3\text{grains} \atop 26\quad\ 7\quad 52}$$

Remarque importante.

Quoiqu'en suivant la règle précédente, on trouve
des onces, ou des gros ou des grains, cependant
on peut s'assurer que 30 grammes, et au-dessous,
ne valent pas 1 once ; qu'une quantité de grammes
moindre que 4, ne donne pas 1 gros. C'est pourquoi il seroit trop long de multiplier le nombre
proposé de grammes par 3,2686, dans les cas où
l'on ne doit souvent trouver que des grains. Voici
le moyen d'éviter des multiplications inutiles.

Puisque l'hectogramme vaut 3onc,2686, si l'on
multiplie le tout par 8, on a 26,1488 ; c'est-à-dire
que l'hectogramme vaut 26,gros1488.

Si l'on multiplie par 72, on a 1882,grains7 ou 1882 $\frac{7}{10}$ (on n'a conservé qu'une décimale) : donc l'hectogramme vaut 1882 grains $\frac{7}{10}$.

On a les trois rapports suivans :

3,onces2686, valeur de l'hectogr. en onces.

26,gros488, ... en gros.

1882,grains7 , ... en grains.

Pour distinguer lequel des trois nombres on doit employer dans la conversion des nouveaux poids aux anciens, on pourra retenir la règle suivante fondée sur l'observation :

Si la quantité de grammes est moindre que 4, on la convertira en grains, en la multipliant par 1882,7.

Si elle est 30, et au-dessous, on la convertira en gros, en la multipliant par 26,1488.

Enfin si elle est au-dessus de 30, on la convertira en onces, en la multipliant par 3,2686.

C 4

TRAITÉ

APPLICATIONS.

1°. *Exprimer* 14 *grammes en valeur des anciens poids.*

La quantité proposée étant moindre que 30 grammes, et au-dessus de 4, il faut la transformer en gros, en multipliant 0,^{hect}14^{gram} par 26,1488. On trouve d'abord 3 gros 661 millièmes de gros; et si on multiplie 0,^{gros}661 par 72, on trouve à-peu-près 48 grains.

Ainsi 14 grammes valent 3 gros 48 grains.

2°. *Ramener aux anciens poids* 1 *gramme* 4 *centigrammes.*

Je multiplie 0,^{hecto}1^{gramo}4^{centigr} par 1882,7, et je trouve 19 grains $\frac{6}{10}$.

I I.

Conversion des Onces, Gros et Grains en Hectogrammes.

Puisque l'hectogramme vaut 3,^{onc}2686, l'once ne vaudra que $\frac{1}{3,2686}$ d'hectogramme. Le rapport de l'once à l'hectogramme se trouvera donc en divisant 1 par 3,2686. Si on exécute l'opération d'après la règle énoncée au quatrième cas de la

division des chiffres décimaux, première partie,
on aura pour quotient 0,30594. Voyez l'opération.

$$
\left.\begin{array}{l}
1,00000 \\
194200
\end{array}\right\} \quad \begin{array}{l} 3,2686 \\ \hline 0,30594 \ \ (\text{quotient}). \end{array}
$$

$$
\begin{array}{r}
307760 \\
135260 \\
4516
\end{array}
$$

Le nombre 0,30594 exprime le rapport de l'once
à l'hectogramme, c'est-à-dire que l'once vaut
0,*hect*30*gram*59*centig*4*millig*.

Divisons par 8 et 72 successivement, nous aurons 0,03824, et 0,000531 pour la valeur d'un
gros et d'un grain. Ainsi,

L'once vaut 0,*hect*30594 ou 0,*hect*30*gr*59*centig*4*millig*.
Le gros . . 0, 03824 . . 0,   03 82   4
Le grain. . 0, 000531. . 0,   00 05   3

Tels sont les trois rapports décimaux par les-
quels il faudra multiplier respectivement les
onces, gros et grains pour les changer en hecto-
grammes.

APPLICATION. Changer en hectogrammes 6 onces 5 gros 37 grains.

Je multiplie

6 par 0,30594, rapport de l'once ⎫
5 par 0,03824, ... du gros ⎬ à l'hectogr.
37 par 0,000531, . . . du grain ⎭

Les trois produits particls sont,

$$1,83564$$
$$0,19120$$
$$0,019647$$

Produit total, 2,046487

Si l'on ne conserve que les 4 premières décimales, on aura 2 hect. 4 gram. 65 centigr. pour valeur de 6 onces 5 gros 37 grains.

En suivant le même procédé, on trouve que

4 onces   ⎫   ⎧ 1, hect. 22 gr. 38 centigr.
3 gros   ⎬ sont équivalens à ⎨ 0,   11 47
12 grains ⎭   ⎩ 0,   00 64

Il est facile de faire la preuve, en se proposant de convertir en onces, gros et grains chacun des résultats exprimés en grammes.

III.

Réduction du prix de l'Hectogramme au prix de l'Once.

1°. Si l'hectogramme d'or coûte 345f5^{centimes}, à combien revient l'once?

On a vu que l'once vaut o,^{hect}30594 (voyez le N°. II), on n'aura donc qu'à multiplier 345f,05 par o,30594, et on trouvera 105,f56^{cent} pour le prix de l'once.

D'où l'on voit que pour connoître le prix de l'once, il faudra multiplier le prix de l'hecto-gramme par o,30594, et ne conserver que les deux premières décimales.

2°. L'hectogramme coûtant 344f6^{cent}, combien le gros et le grain d'or?

Je calcule d'abord le prix de l'once en multipliant 344f,06 par o,30594, et je trouve que l'once revient à 105f26^{cent}. Divisant ensuite par 8,72, je vois que le gros coûte 13f18^{cent}, et le grain un peu plus que 18 centimes.

3°. Si l'hectogramme vaut 347f15^{cent}, à com-bien revient l'once en livres (tournois)?

Calculant d'abord en francs, on trouve 106^{f}21^e pour le prix de l'once. Pour réduire cette somme en livres, j'écris 10,621 (dixième de 106^{f}21^c).

1,33 (80^e. partie de 106^{f}21^c).

Au nombre de francs 106, 21
j'ajoute 1, 33
$$\overline{}$$
107,$^\#$54 ou 107$^\#$10^{s}9^{d}

Voyez, pour l'intelligence de ce qui précède, la règle exposée page 39 pour réduire les francs en livres.

· I V.

Réduction du prix de l'Once au prix de l'Hectogramme.

On suppose l'once d'or à 105^{f}65^{cent}, à combien revient l'hectogramme ?

Rappelons-nous que l'hectogramme vaut 3^{onc},2686. Donc la question revient à celle-ci : une once coûtant 105^{f}65^c, combien coûteront 3^{onc},2686 ? Il est évident que c'est une multiplication à exécuter. D'où je conclus, que *connoissant le prix de l'once, pour trouver le prix de l'hectogramme, il faudra multiplier le prix de l'once par 3,2686.*

Si nous effectuons la multiplication indiquée de 105,65 par 3,2686, le produit nous apprendra que l'hectogramme coûte 345*f*33*c*, dans la supposition que l'once vaut 105*f*65*c*.

AUTRE QUESTION. Le grain d'or coûtant 18 centimes, à combien revient l'hectogramme ?

Puisque l'hectogramme est équivalent à . . . . 1882,*grains*7, il suffira de multiplier ce nombre par 0,*f*18*c*, et on obtiendra 338*f*89*c* pour le prix cherché.

V.

Du Titre de l'Or.

Pour estimer le degré de pureté de l'or, on se servoit de ce qu'on appelle *karat*. Le karat se partageoit en 32 parties égales, qu'on appeloit *des trente-deuxièmes de fin*, et comme l'or fin comprenoit 24 karats, il s'ensuit qu'il y avoit 768 trente-deuxièmes de fin dans un lingot d'or pur. Quelle que soit la raison d'une division aussi peu uniforme, comme elle est arbitraire, il nous sera permis de concevoir 1000 degrés de fin dans l'or comme dans l'argent. Un lingot qui contiendroit 75 millièmes d'alliage, n'auroit que 925 millièmes

de pureté, et seroit dit au titre 925 millièmes.
De plus $\frac{1000}{1000}$ valant 1, le titre de ce lingot pourra
être exprimé par 0,925; ce qui indique qu'il s'en
faut de 0,075 pour que sa pureté soit entière et
puisse être exprimée par 1.

Réduction du Nouveau Titre à l'Ancien.

Si un lingot d'or est au titre 0,965, combien
de karats et de 32mes de fin contiendra-t-il?

La question se réduit à convertir 0,965 en 24mes
pour avoir les karats, c'est-à-dire à multiplier 0,965
par 24. On trouve d'abord 23,^{kar}16. Multipliant
ensuite 0,^{kar}16 ou 16 centièmes de karat par 32,
on aura 5 trente-deuxièmes. Donc un lingot au
titre 0,965 seroit à 23$^{kar}\frac{5}{32}$.

*De cet exemple il suit que pour changer les
millièmes en karats et 32mes, il faut les multiplier par 24, et les chiffres décimaux du produit
par 32.*

PROBLÊME.

Si un hectogramme d'or fin ou à 1000 millièmes
coûtoit 349^{f}28^c, combien devroit coûter un autre
hectogramme d'or qui seroit au titre 500 millièmes

((abstraction faite des différences admises par la manière de coter à la bourse)?

SOLUTION. Le prix étant proportionnel non-seulement au poids, mais encore au titre du métal, l'hectogramme au titre 500 mill. ne vaudra que la moitié de 349^f,28^c, c'est-à-dire 174,^{f}64^c. Mais il est évident qu'en multipliant le prix 349,^{f}28^c par 0,500, on obtient également 174,^{f}64^c ; ce qui nous fournit la règle suivante :

Pour connoître le prix d'un hectogramme d'or à un titre quelconque, multipliez ce titre (exprimé en décimales) par le prix de l'hectogramme d'or fin ou à 1000 millièmes.

EXEMPLE PREMIER. L'hectogramme d'or fin vaut 337,^{f}25^c, quel sera le prix d'un hectogramme d'or au titre 853 millièmes ?

Je multiplie 337,^{f}25^c par 0,853, et je trouve pour produit 287,^{f}67^c pour le prix de l'hectogr. d'or au titre 853.

Remarquons ici l'avantage qui résulte de l'introduction du calcul décimal dans le commerce. Nous n'avons fait qu'une multiplication, tandis que dans l'ancien système il falloit non-seulement multiplier

le prix par le titre, mais encore diviser le produit
par 768.

ExEMPLE II. Si l'or fin vaut 35o,ʄo2ᶜ, quel sera
le prix de 9 gram. 5 décigrammes d'or au titre
700 millièmes ?

Je calcule d'abord le prix de l'hectogramme au
titre 700, en multipliant 35o,ʄo2ᶜ, prix de l'or à
1000 mill., par le nombre 0,700, et je trouve
245,ʄo14 pour produit; je multiplie ensuite 245,014
par o,ʰᵉᶜᵗo95, et j'obtiens 23ʄ,28ᶜ pour la valeur
du lingot proposé; de-là je tire la règle suivante :

Pour déterminer le prix d'un lingot d'or à un
titre quelconque, multipliez le titre par le prix
de l'or fin adopté pour base; multipliez ensuite
le produit par le poids proposé.

Réduction de l'Ancien Titre au Nouveau.

Si un lingot contient de l'or à 22 kar. 10 trente-
deuxièmes, combien de *millièmes* de fin contiendra-t-il ?

J'observe que 22ᵏᵃʳ ¹⁰⁄₃₂ valent 714 trente-deuxièm.;
mais ¹⁄₃₂ n'est que la 768ᵐᵉ partie de la pureté
totale. Divisons 1 par 768, le quotient nous apprendra qu'un 32ᵐᵉ vaut 0,001302 de fin. Multi-

pliant ce nombre par 714, nous aurons pour produit 0,930. Ainsi $22^{kar}\frac{10}{32}$ répondent à 930 millièm. On voit d'après cela que, pour *convertir les karats et 32mes en millièmes, il faudra réduire le tout en 32mes, et multiplier le nombre total des 32mes par 0,001302, qui n'est autre chose que la valeur de $\frac{1}{768}$ exprimé en parties décimales.* En faisant usage de cette règle, on trouvera que

$$\left. \begin{array}{l} 22^{kar}\frac{2}{32} \\ 20 \quad \frac{5}{32} \\ 18 \quad 0 \end{array} \right\} \text{répondent à} \left\{ \begin{array}{l} 919 \text{ millièmes.} \\ 840 \\ 750 \end{array} \right.$$

La preuve se fait en changeant chacun de ces résultats en *karats* et *trente-deuxièmes.*

CHAPITRE II.

Des Règles d'alliage, d'affinage et d'échange dans les matières d'or.

QUESTION PREMIÈRE.

Un lingot d'or au titre 1000 millièmes pèse 4 hectogrammes, combien faut-il d'alliage pour en faire de l'or à 500 millièmes?

Puisque 500 est la moitié de 1000, il faudra employer 4 hectogram. d'alliage ; le lingot pesant alors 8 hectogrammes, aura nécessairement une pureté deux fois moindre ; mais il faut observer qu'en multipliant 4 par 1000, et divisant ensuite le produit par 500, on obtient d'abord le nombre 8, qui exprimera le poids du lingot après l'alliage ; et si de ce poids on ôte le poids proposé, le reste 4 exprimera la quantité de cuivre qu'il faut employer.

Ainsi, pour connoître la quantité d'alliage qu'il convient d'employer, afin de réduire le titre d'un lingot, multipliez le poids du lingot par son titre, divisez le produit par le titre auquel vous voulez l'abaisser, et ôtez du quotient le poids proposé.

Application.

Un lingot au titre 920 mill. (22$^{kar.}\frac{1}{2}$ à-peu-près), pèse 5 hectogrammes, combien de cuivre pour le réduire au titre 750 (18 kar.)?

Je multiplie 5 par 920, et je divise le produit par 750, le quotient 6^{hect},13^{gram}33^{centig} exprime le poids du lingot après l'alliage ; si de ce quotient on retranche le poids proposé, il restera . . . . . 1,^{hect}13^{gram}33^{centig}. C'est l'alliage qu'il faudra employer.

Remarque. Si le lingot proposé étoit au titre 1000 millièmes, il faudroit multiplier le poids par 1000, et diviser le produit par 750 ; mais le titre 1000 millièmes pouvant être représenté par 1, et le titre 750 mill. par 0,750, tout se réduit à diviser le poids dont il est question dans l'exemple précédent, par 0,750. Cette remarque donne lieu à la règle suivante :

Pour déterminer la quantité d'alliage qu'il faut employer pour réduire le titre d'un lingot d'or pur, divisez le poids par le titre, et ôtez ensuite le poids du quotient que vous aurez trouvé.

EXEMPLE. Un lingot d'or fin ou à 1000 mill. pèse 1 hect. 3 gram. 40 centigrammes, combien d'alliage pour l'abaisser au titre 840 (20^{kar} $\frac{5}{12}$)?

Je vais diviser le poids par 0,840, et non par 840. Voyez au surplus le tableau de l'opération.

$$
\begin{array}{ll}
\text{hect.} & \\
\quad 1,0340 & \big|\; 0,840 \\
 & \\
\text{ou } 1034,0 & \big\}\; 840 \;(\text{3}^e. \text{ cas de la division des chiffres} \\
\quad 194\ 0 & \qquad\qquad \text{décimaux, 1}^{re} \text{ part. chap. I)}. \\
 & \qquad 1,23095 \text{ quotient.} \\
\quad\ 26\ 00 & \\
\qquad 8000 & \\
\qquad 4400 & \\
\end{array}
$$

Le poids, après l'alliage, sera,

$$1,^{hect}23^{gram}09^{centig}5^{millig}.$$

J'ôte   1,   03   40

Alliage . . $0,^{hect}19^{gram}69^{centig}5^{millig}.$

En suivant le même procédé, on trouve qu'il faut employer par hectogramme,

$$
\left.\begin{array}{l}
0,^{hect}33^{gr}33^{cent}3^{mill}. \\
0, \quad 19 \quad 04 \quad 8 \\
0, \quad 08 \quad 69 \quad 7
\end{array}\right\} \begin{array}{l} \text{pour réduire l'or} \\ \text{pur au titre. . .} \end{array} \left\{\begin{array}{l} 750 \\ 840 \\ 920 \end{array}\right.
$$

Chacun de ces trois résultats a été obtenu en divisant le poids, c'est-à-dire 1 hectogramme par le titre respectif ; chaque fois on a retranché le poids ou 1 du quotient trouvé.

QUESTION II.

Un lingot d'or au titre 250 millièmes, pèse 8 hectogrammes, combien d'or pur ou à 1000 mill. contient-il ?

Il est évident que la quantité d'or pur est d'autant moindre que le titre est plus petit. Or, puisque 250 n'est que le quart de 1000, le lingot ne contiendra que 2 hectogr. d'or fin. Mais 250 mill. peuvent s'écrire ainsi, 0,250. Si donc on multiplie ce titre par 8, on trouve également le nombre 2 ; ce qui nous apprend que *pour connoître la quantité de fin d'un lingot, il suffit de multiplier le poids par le titre représenté sous une forme purement décimale.*

A P P L I C A T I O N.

Un lingot de *doré* pèse 12 hect. 45 gram. 4 déc.; il est paraphé au titre 200 millièmes pour l'or, et 735 mill. pour l'argent, combien d'or et d'argent pur contient-il ?

On multipliera le poids par 0,200 et 0,735 successivement, et on aura 2 hect. 49 gram. 8 centigr. d'or pur, et 9 hect. 15 gram. 37 centigr. d'argent pur.

Si l'on vouloit savoir ce que deviennent . . . . 9,^{hect}15^{gram}37^{centigr} d'argent pur, après que le titre 1000 a été réduit au titre 986, il faudroit diviser le poids par le titre, c'est-à-dire 9,1537 par 0,986, comme on l'a vu (question première), et on auroit pour quotient 9,284 à peu-près. Donc si on allie au titre 986 la quantité 9,^{hect}15^{gram}37^{centigr} d'argent pur, le poids total, après l'alliage, sera 9,^{hect}28^{gram}4^{décigr}.

Nota. Tous les Orfèvres savent que, pour procéder à l'essai d'un lingot de *doré*, l'essayeur commence par déterminer le titre de l'argent, avant de connoître la quantité d'or que le lingot peut contenir. Après avoir fait l'essai du lingot proposé qui répond à-peu-près à 5 marcs 5 gros $\frac{1}{2}$, il eût énoncé le titre pour 11 *deniers* 5 *grains or* 922. Il faut à présent distraire du titre de l'argent, la valeur que la quantité d'or lui a donnée. Pour y parvenir, on considère, 1°. que le nombre 922 exprime des grains de poids; 2°. que 16 grains de poids égalent 1 grain de fin. Si donc on divise par 16 la quantité de grains de poids d'or fin, le quotient donnera des grains de fin; soustrayant ensuite ce quotient du titre énoncé 11 den. 5, le reste exprimera le véritable titre de l'argent, et sera le facteur par lequel il faudra multiplier le poids du lingot pour déterminer la quantité d'argent fin qu'il contient. Je n'entrerai pas dans le détail des longs calculs qu'entraîne le *doré*, en suivant l'ancien système : il suffisoit de les indiquer pour faire sentir l'avantage du calcul décimal, tant pour parapher les lingots que pour faire le calcul du *départ*.

QUESTION III.

On propose 12 hectogr. d'or à 500 millièmes, combien, en échange, donnera-t-on d'or fin ou à 1000 millièmes ? (On n'entre pas ici dans la considération des frais d'échange, d'affinage, etc.).

On ne doit donner que 6 hectogrammes d'or

fin, puisque le titre est double. Mais il est à re-marquer que si l'on multiplie 12 par 500, et qu'on divise le produit par 1000, on trouve également le nombre 6; ce qni fait voir que la règle d'échange consiste *à multiplier le poids du lingot par son titre, et à diviser le produit par le titre demandé.*

A P P L I C A T I O N S.

1°. Changer 3 hectogr. 2 gram. 1 centigr. au titre 573, contre de l'or à 750 (18 karats).

Je multiplie 3,^hecto2gramo1centig par 573, et jé divise le produit par 750, titre demandé. En sui-vant la règle prescrite pour le premier cas de la division des nombres décimaux, première partie, chap. I, on trouve pour quotient 2,^hect3ogr74centig. C'est la quantité demandée.

2°. Changer 2 gram. 4 centigram. au titre 795, contre de l'or à 920 millièmes.

Je multiplie 0,^hecto2gramo4centig par 795, et je trouve pour produit 16,2180, que je vais diviser par 920.

$$16,2180 \atop 7018 \atop 5780 \atop 260 \Bigg\} {920 \over 0,0176}$$ (Ier cas de la division, Ire part.)

Ainsi on donnera en échange 0,^{hectogramme}76^{centig.}

QUESTION IV.

On a 2 hectogr. 47 grammes à 675 millièmes, combien d'or à 1000 millièmes doit-on employer pour élever le lingot au titre 750 ?

SOLUTION. *Pour résoudre ce genre de questions, il faut ôter le titre le plus petit du titre moyen, multiplier le reste par le poids du lingot, et diviser le produit par la différence du titre le plus élevé au titre moyen.*

Voyez l'application de cette règle à l'exemple proposé.

$$2.^{hect}47$$
$$75 \quad \text{différence du plus petit au moyen titre.}$$
$$\overline{1235}$$
$$1729$$

$$\left.\begin{array}{l} 185,25 \\ 1025 \\ 250 \end{array}\right\} \quad \begin{array}{l} 250 \text{ différence du titre le plus haut au titre moyen.} \\ \overline{} \\ 0,^{h}7410 \end{array}$$

Ainsi il faudra employer 74 gram. 10 centigr. d'or pur pour affiner le lingot proposé, et l'élever au titre 750.

Veut-on affiner au titre 840 un lingot pesant 15 gram. 3 décigr., qui seroit au titre 805, en employant de l'or à 920 ? Il suffira de multiplier $0,^{hect}15^{gram}3^{décig}$ par 35, et de diviser le produit par 80, on aura pour quotient $0,^{hect}06^{gram}69^{centig}$; c'est la quantité d'or à 920 qui sera nécessaire pour l'affinage.

QUESTION V.

Quel sera le titre après l'alliage de

$$2,^{hect}44^{gram}32^{centig} \text{ au titre } 590$$
$$1, \quad 41 \quad 39 \ldots \ldots \ldots 780$$
$$1, \quad 00 \quad 40 \ldots \ldots \ldots 950$$

Réponse. On a déjà vu (chap. III, partie Ire.)
qu'il faut multiplier chaque poids par son titre,
ajouter tous les produits, et diviser le total par la
somme des poids. En faisant usage de cette règle,
on trouve d'abord 3498,1300 pour somme des produits partiels; après quoi divisant ce nombre par
4,8611, somme des poids, on obtient 719 pour
quotient. Ce sera le titre après le mélange.

QUESTION VI.

On a de l'or à 750, et de l'or à 920, combien
faut-il prendre de l'un et de l'autre pour faire de
l'or à 840 ?

J'applique ici la règle prescrite à la fin de la
première partie, question 7.

J'ôte le titre moyen du plus élevé, le reste 80
exprime le nombre de parties qu'on doit prendre
de l'or au titre le plus bas, c'est-à-dire à 750.

J'ôte ensuite le titre le plus petit du titre moyen,
le reste 90 désigne le nombre de parties qu'il faut
prendre au titre le plus élevé. Mais on observera
que si 80 et 90 satisfont, il en est de même des
multiples et sous-multiples de ces deux nombres,
en sorte qu'on pourroit, par exemple, prendre 8

parties à un titre, et 9 parties au titre le plus élevé.

REMARQUE. Si avec de l'or à 605 millièmes et de l'or à 920, on vouloit former 7 hectogrammes au titre 750, on prendroit la différence du titre moyen au second titre proposé, on multiplieroit le reste par la quantité de mélange demandée, et on diviseroit le produit par la différence des deux titres; le quotient exprimeroit la quantité d'or qu'il faut prendre au premier titre. En suivant cette règle, on trouveroit qu'il faut prendre 3,^{hect}77^{gram}78^{centig} au titre 605.

Du nombre 7,$^{hectoo\ gram\ oo\ centig}$
J'ôte . . . 3,   77   78
____
Reste . . . 3,   22   22   qu'il faut prendre au titre 920.

Voyez la soustraction des chiffres décimaux (chap. I, partie Ire).

QUESTION VII.

Si on allioit ensemble

5,^{hect}24^{gram} . . . au prix de 315,ƒ82^{cent}.

1,   32   04^{centig} 319, 33

0,   39   28   . . . . . 332, 29

à quel prix faudroit-il vendre chaque hectogram. de l'alliage pour n'y rien perdre, ni gagner ?

SOLUTION. Nous avons vu dans la première partie qu'il faut multiplier chaque poids par son prix respectif, et diviser la somme des produits partiels par celle des quantités mêlées.

En exécutant les opérations, on trouve 2207,0636 pour somme des produits particuliers, et 6 hectog. 95 gram. 32 centigr. pour somme des quantités mêlées ; si l'on divise la première quantité par la seconde, on aura 317,ƒ42^{cent} pour le prix de l'hectogramme après l'alliage.

Telles sont les principales applications du calcul décimal dans le commerce des matières d'or et d'argent. Pour éviter la peine de parcourir ce petit Traité, chaque fois qu'on aura besoin de quelques règles, je vais les mettre sous les yeux du lecteur dans le résumé suivant, où seront indiquées les pages que l'on pourra consulter pour la théorie et les applications.

Fin de la seconde Partie.

RÉSUMÉ GÉNÉRAL

Des Règles contenues dans ce Traité.

DU KILOGRAMME.

(Argent).

DE L'HECTOGRAMME.

(OR).

D

DES RÈGLES

D'ALLIAGE,

D'AFFINAGE ET D'ÉCHANGE.

(*Or et Argent*).

1°. Pour déterminer la quantité d'or et d'argent à 1000 millièmes contenue dans un lingot, on multipliera le poids du lingot par son titre, pourvu que ce titre soit représenté sous une forme décimale, c'est-à-dire, qu'il y ait un zéro avant la virgule, ... pages 5o et 85

2°. Pour déterminer la quantité d'alliage nécessaire à réduire le titre d'un lingot, multipliez le poids du lingot par son titre, et divisez le produit par le titre demandé, vous aurez d'abord le poids total après le mélange ; et si de ce poids total vous retranchez le poids proposé, le reste exprimera l'alliage, ... pages 51. et 83

Nota. Pour l'exécution de cette règle et des suivantes, il sera inutile d'exprimer le titre sous une forme décimale, c'est-à-dire, de faire précéder le titre d'une virgule.

3°. Pour changer une quantité de kilogrammes ou d'hectogrammes d'un titre donné, en une autre quantité de titre différent, multipliez le poids du lingot par son titre, et divisez le produit par le titre demandé, ... 54 et 88

4°. Étant donnés deux ou plusieurs lingots de titres différens, pour avoir le titre après la fonte, multipliez chaque poids par son titre respectif, ajoutez tous les produits, et divisez le total par la somme des poids, ... 56 et 91

5°. Étant donnés différens poids, et les prix respectifs de chaque unité de kilogramme ou d'hectogramme, si l'on veut connoître le prix d'un kilogramme ou d'un hectogramme de l'alliage, multipliez chaque poids par le prix de chaque unité qu'il contient, ajoutez tous les produits ensemble, et divisez le tout par la somme des quantités mêlées, ... 57 et 93

6°. Étant donnés le poids et le titre d'un lingot,

si l'on veut déterminer la quantité d'or ou d'argent qu'il faut employer à un titre plus élevé pour faire de l'or ou de l'argent à un titre prescrit par la loi, on ôtera le titre le plus petit du titre moyen ou du titre légal ; on multipliera le reste par le poids, et on divisera le produit par la différence du titre le plus élevé au titre moyen, ... pages 58 et 89

7°. Si l'on a deux lingots de titres différens, pour connoître la quantité qu'il faut prendre à chaque titre, afin de faire de l'or ou de l'argent à un titre légal ;

Otez le titre légal du titre le plus élevé, le reste exprimera le nombre de parties que vous pouvez prendre au titre le plus bas.

Otez le titre le plus petit du titre légal, le reste exprimera le nombre de parties que l'on peut prendre au titre le plus haut, ... 59

Avec le secours des règles précédentes, il n'est guères de questions qui puissent embarrasser les personnes qui font le commerce des matières d'or et d'argent. On voit que tout se réduit à bien mettre en pratique la règle de la multiplication des chiffres décimaux ; car plus rarement on a des divisions à exécuter. Si néanmoins il falloit dispenser de faire des divisions, et même des multiplications, on pourroit recourir aux tables suivantes, qui n'exigeront que de simples additions dans les cas les plus difficiles.

TABLE I, pour réduire les nouveaux Poids aux Anciens.

centig.	grains.	centiem.
1	0	19
2	0	38
3	0	56
4	0	75
5	0	94
6	1	13
7	1	32
8	1	51
9	1	69

decag.	onces.	gros.	grains.	dixiem.
1	0	2	44	3
2	0	5	16	5
3	0	7	60	8
4	1	2	33	1
5	1	5	5	4
6	1	7	49	6
7	2	2	21	9
8	2	4	66	2
9	2	7	38	4

decigr	grains.	centiem.
1	1	88
2	3	77
3	5	65
4	7	53
5	9	41
6	11	30
7	13	18
8	15	06
9	16	94

hect.	marcs	onc.	gros.	grains.	dix.
1	0	3	2	10	7
2	0	6	4	21	4
3	1	1	6	32	2
4	1	5	0	42	9
5	2	0	2	53	6
6	2	3	4	64	3
7	2	6	7	3	0
8	3	2	1	13	7
9	3	5	3	24	4

gram.	gros.	grains.	centiem.
1	0	18	83
2	0	37	65
3	0	56	48
4	1	3	31
5	1	22	14
6	1	40	96
7	1	59	79
8	2	6	62
9	2	25	44

kilog.	marcs.	onces.	gros.	grains.
1	4	0	5	35
2	8	1	2	70
3	12	2	0	33
4	16	2	5	69
5	20	3	3	32
6	24	4	0	67
7	28	4	6	32
8	32	5	3	65
9	36	6	1	28
10	40	6	6	64
20	81	5	5	55
30	122	4	4	46
40	163	3	3	38
50	204	2	2	29

TABLE II, pour réduire les anciens Poids aux Nouveaux.

grains.	gram.	centig.
1	0	5
2	0	11
3	0	16
4	0	21
5	0	27
6	0	32
7	0	37
8	0	42
9	0	48
10	0	53
20	1	06
30	1	59
40	2	12
50	2	66
60	3	19
70	3	72

gros.	gram.	centig.
1	3	82
2	7	65
3	11	47
4	15	30
5	19	12
6	22	94
7	26	76

onces.	kilog.	gram.	centig.
1	"	30	59
2	"	61	19
3	"	91	78
4	"	122	38
5	"	152	97
6	"	183	56
7	"	214	15

marcs.	kilog.	gram	centig.	
1	0	244	75	
2	0	489	51	
3	0	734	26	
4	0	979	01	
5	1	223	76	
6	1	468	52	
7	1	713	27	
8	1	958	02	
9	2	202	78	
10	2	447	53	
20	4	895	1	decigr.
30	7	342	6	
40	9	790	1	
50	12	237	7	
60	14	685	2	
70	17	132	7	
80	19	580	2	
90	22	027	8	
100	24	475	3	
200	48	950	6	

TITRE nouveau en millièmes.	(ARGENT). deniers et grains.			(OR). Karats et trente-deuxièmes.		
millièmes.	deniers.	grains.	dixiem.	kar	32.emes.	dixiemes.
1	0	0	3	0	0	8
2	0	0	6	0	1	5
3	0	0	9	0	2	3
4	0	1	2	0	3	1
5	0	1	4	0	3	8
6	0	1	7	0	4	6
7	0	2	0	0	5	4
8	0	2	3	0	6	1
9	0	2	6	0	6	9
10	0	2	9	0	7	7
20	0	5	8	0	15	4
30	0	8	6	0	23	0
40	0	11	5	0	30	7
50	0	14	4	1	6	4
60	0	17	3	1	14	1
70	0	20	2	1	21	8
80	0	23	0	1	29	4
90	1	1	9	2	5	1
100	1	4	8	2	12	8
200	2	9	6	4	25	6
300	3	14	4	7	6	4
400	4	19	2	9	19	2
500	6	0	0	12	00	0
600	7	4	8	14	12	8
700	8	9	6	16	25	6
800	9	14	4	19	6	4
900	10	19	2	21	19	2
1000	12	00	0	24	00	0

USAGES ET APPLICATIONS

DE LA TABLE III.

1°. *Combien 984^{mill.} valent-ils de deniers et grains de fin ?*

Cherchez dans la colonne des millièmes les nombres 900, 80 et 4^{mill}, écrivez ensuite les deniers et grains qui leur correspondent dans la colonne suivante. On aura

$$900^{mill}. \ldots \quad 10^{den} \quad 19^{grains} \quad 2^{dixiemes}.$$
$$80 \ldots \ldots \quad 23 \qquad 0$$
$$4 \ldots \ldots \quad 1 \qquad 2$$
$$\overline{} \qquad\qquad \overline{}$$
$$984 \qquad 11^{den} \quad 19^{grains} \quad 4^{dixiemes}.$$

2°. *Convertir 913^{mill} en karats et 32emes ?*

$$21^{kar} \quad 19^{32emes} \quad 2^{dix} \quad \text{répondent à } 900^{mill}.$$
$$7 \qquad 7 \ldots \ldots \ldots \ldots \quad 10$$
$$2 \qquad 3 \ldots \ldots \ldots \ldots \quad 3$$
$$\overline{} \qquad\qquad \overline{}$$
$$21 \quad 29 \qquad 2 \text{ valeur de} \ldots \quad 913^{mill}.$$

TABLE IV, pour convertir les deniers et grains de fin en milliemes.

Deniers et grains.		Millièmes.	
deniers.	grains.	milliem.	dixiem.
0	0 ⅛	0	4
0	0 ¼	0	9
0	0 ½	1	7
0	1	3	5
0	2	6	9
0	3	10	4
0	4	13	9
0	5	17	4
0	6	20	8
0	7	24	3
0	8	27	8
0	9	31	2
0	10	34	7
0	20	69	4
1	00	83	3
2	00	166	7
3	00	250	0
4	00	333	3
5	00	416	7
6	00	500	0
7	00	583	3
8	00	666	7
9	00	750	0
10	00	833	3
11	00	916	6
12	00	1000	0

TABLE V, pour convertir les karats et trente-deuxiemes en milliemes.

Karats et trente-deuxiemes.		Millièmes.	
karats	32emes.	mill.	dixie.
0	0 ½	0	7
0	1	1	3
0	2	2	6
0	3	3	9
0	4	5	2
0	5	6	5
0	6	7	8
0	7	9	1
0	8	10	4
0	9	11	7
0	10	13	0
0	20	26	0
0	30	39	1
1	00	41	7
2	00	83	3
3	00	125	0
4	00	166	7
5	00	208	3
6	00	250	0
7	00	291	7
8	00	333	3
9	00	375	0
10	00	416	7
20	00	833	3
24	00	1000	0

USAGES

DES TABLES IV ET V.

1°. *Transformer* 9^{den} 23^{grains} $\frac{1}{4}$ *en millièmes ?*

9^{den} répondent à	750^{mill}	
20^{grains}	69	$4^{dixiemes}$.
3.	10	4
$\frac{1}{4}$ de grain. . . .	0	9

830^{mill} $7^{dixiemes}$, valeur de 9^{den} 23^{grains} $\frac{1}{4}$.

2°. *Transformer en millièmes* 21^{kar} 6^{3aemes} $\frac{1}{2}$ *?*

20^{kar} répondent à	833^{mill}	$3^{dixiemes}$.
1.	41	7
6^{3aemes}.	7	8
$\frac{1}{2}$	0	7

883^{mill} $5^{dixiemes}$ valeur de. . . . . . 21^{kar} $6 \frac{1}{2}$ ^{3aemes}.

TABLE VI, pour réduire le prix du Kilogramme au prix du Marc.

PRIX du Kilogramme.		PRIX du Marc.		PRIX du Kilogramme.		PRIX du Marc.	
fr.	cent.	fr.	cent	fr.	cent.	fr.	cent.
0	01	0	00	3	00	0	73
0	2		00	4	00	0	98
0	3		1	5	00	1	22
0	4		1	6	00	1	47
0	5		1	7	00	1	71
0	6		2	8	00	1	96
0	7		2	9	00	2	20
0	8		2	10	00	2	45
0	9		2	20	00	4	90
0	10		2	30	00	7	34
0	20		5	40	00	9	79
0	30		7	50	00	12	24
0	40		10	60	00	14	69
0	50		12	70	00	17	13
0	60		15	80	00	19	58
0	70		17	90	00	22	03
0	80		20	100	00	24	48
0	90		22	200	00	48	95
1	00		24	220	00	53	85
2	00		49	260	00	63	64

EXPLICATION

DE LA TABLE VI.

Combien vaut le Marc, si le Kilogramme d'argent coûte 221^{fr} 83^{cent} ?

Dans la colonne qui contient les différens prix du kilogramme, on cherchera successivement les nombres 200^{fr}, 20^{fr}, 1^{fr}, 80^{cent}, 3^{cent}, et on écrira les nombres qui se trouvent vis-à-vis dans la colonne intitulée : *Prix du Marc.*

200^{fr} répondent à 48^{fr} 95^{cent}.
20. . . . . 4 90
1. 24
80^{cent}. 20
3. 1
____
54^{fr} 30^{cent}, prix du marc.

TABLE VII, pour réduire le prix du Marc au prix du Kilogramme.

PRIX du Marc.		PRIX du Kilogramme.		PRIX du Marc.		PRIX du Kilogramme.	
fr.	cent.	fr.	cent.	fr.	cent.	fr.	cent.
0	01	0	04	0	90	3	68
	2	0	8	1	00	4	09
	3	0	12	2	00	8	17
	4	0	16	3	00	12	26
	5	0	20	4	00	16	34
	6	0	25	5	00	20	43
	7	0	29	6	00	24	51
	8	0	33	7	00	28	60
	9	0	37	8	00	32	69
	10	0	41	9	00	36	77
	20	0	82	10	00	40	86
	30	1	23	20	00	81	72
	40	1	63	30	00	122	57
	50	2	04	40	00	163	43
	60	2	45	50	00	204	29
	70	2	86	60	00	245	15
	80	3	27	65	00	265	57

EXPLICATION

DE LA TABLE VII.

Le Marc coûtant 56^{fr} 78^{cent}, combien le Kilogramme ?

Dans la colonne ayant pour titre : *Prix du Marc*, cherchez 50^{fr}, 6^{fr}, 70^{cent} et 8^{cent}. Écrivez ensuite les nombres correspondans que vous trouverez dans la colonne intitulée : *Prix du Kilogramme.*

50^{fr} répondent à 204^{fr} 29^{cent}.
6. 24   51
70^{cent}.   2   86
8.   33
____

231^{fr} 99^{cent}, prix du Kilogram.

TABLE *VIII, pour réduire le prix de l'Hectogramme au prix de l'Once.*

PRIX de l'Hectogram.		PRIX de l'Once.		PRIX de l'Hectogram.		PRIX de l'Once.	
fr.	cent.	fr	cent	fr.	cent.	fr.	cent.
0	01	0	00	3	00	0	92
0	2		1	4	00	1	22
0	3		1	5	00	1	53
0	4		1	6	00	1	84
0	5		2	7	00	2	14
0	6		2	8	00	2	45
0	7		2	9	00	2	75
0	8		2	10	00	3	06
0	9		3	20	00	6	12
0	10		3	30	00	9	18
0	20		6	40	00	12	24
0	30		9	50	00	15	30
0	40		12	60	00	18	36
0	50		15	70	00	21	42
0	60		18	80	00	24	48
0	70		21	90	00	27	53
0	80		24	100	00	30	59
0	90		28	200	00	61	19
1	00		31	300	00	91	78
2	00		61	380	00	116	26

USAGE

DE LA TABLE VIII.

Si l'Hectogramme d'or coûte 327^{fr} 85^{cent}, *quel sera le prix de l'Once ?*

300^{fr} correspondent à 91^{fr} 78^{cent}.
20.   6   12
  7.   2   14
   80^{cent}.   24
    5.   2
                      ____
                      100^{fr} 30^{cent}, prix de l'Once.

TABLE IX, *pour réduire le prix de l'Once au prix de l'Hectogramme.*

PRIX de l'Once.		PRIX de l'Hectogram.		PRIX de l'Once.		PRIX de l'Hectogram.	
fr.	cent	fr.	cent	fr.	cent	fr	cent
0	01	0	03	3	00	9	81
0	2	0	7	4	00	13	07
0	3	0	10	5	00	16	34
0	4	0	13	6	00	19	61
0	5	0	16	7	00	22	88
0	6	0	20	8	00	26	15
0	7	0	23	9	00	29	42
0	8	0	26	10	00	32	69
0	9	0	29	20	00	65	37
0	10	0	33	30	00	98	06
0	20	0	65	40	00	130	74
0	30	0	98	50	00	163	43
0	40	1	31	60	00	196	12
0	50	1	63	70	00	228	80
0	60	1	96	80	00	261	49
0	70	2	29	90	00	294	17
0	80	2	61	100	00	326	86
0	90	2	94	105	00	343	20
1	00	3	27	110	00	379	55
2	00	6	54	115	00	375	89

USAGE

DE LA TABLE IX.

Si l'Once d'or coûte 105^{fr} 42^{cent}, *combien coûtera l'Hectogramme.*

Prenez dans la colonne intitulée : *Prix de l'Once,* les nombres 100^{fr}, 5^{fr}, 4 0^{cent} et 2^{cent} successivement ; écrivez ensuite les nombres que vous trouverez placés vis-à-vis dans la colonne suivante.

Ainsi 100^{fr} se trouvent vis-à-vis 326^{fr} 86^{cent}.

5.	16	34
40^{cent}	1	31
2.		7

544^{fr} 58^{cent}, prix de l'Hectogr.

TABLE
DES MATIÈRES.

PREMIÈRE PARTIE.

Du Kilogramme (matières d'Argent).

DEUXIÈME PARTIE.

De l'Hectogramme (matière d'Or).

Fin de la Table des Matières.

DE L'IMPRIMERIE DE STOUPE, AN X.

du bois de Coueteron. Au S. des Pidorrières. Entre Pen-
terie & Chauffe. *A Vibraye*... $5\frac{1}{2}$ l. Au ham. & étang
de la Rouffe. Au N. de la forêt & entre les fermes de
de la Boquetière & Lerverie en paff. une côte. Bruyéres
à trav. & le long des hameaux de Valain & Greux. A
Lavaré+. Pont, moulin & paffage de la riv. de Longuère.
$\frac{1}{4}$ l. N. de Dollon+. Au S. des Luars & maifons neuves,
hameaux. $\frac{1}{2}$ l. S. du vill. & chât. du Luart+. Pont & riv.
de Longuère. Le long O. de cette rivière & à l'Eft d'une
montagne en paffant aux Croifes. Fourche du chemin de
Chartres, & plus loin on rencontre celui de la Ferté. *A
Connerré*... $4\frac{1}{2}$ l. Sortant de ce Bourg on monte une côte.
La route fait un coude en tournant au S. E. & en côtoyant
la montagne. Au moulin de la Croix, fur la riv. d'Huifne.
A l'Eft du Piolay & au carrefour du chemin de *Montfort*
qui eft à $\frac{1}{2}$ l. l'O. $\frac{3}{4}$ l. de landes à côt. & *à St.-Mars*+... 2 l.
Pont & riv. de Narais. A l'O. des étangs & ruiffeau à
paffer. 1 l. de landes à trav. en paffant à $\frac{1}{2}$ q. l. E. de
Champagne +. Paffage d'un ruiff. & au Gué-Perray. A la
fourche du chemin de Blois. $\frac{1}{4}$ l. S. de l'abbaye de Lepau,

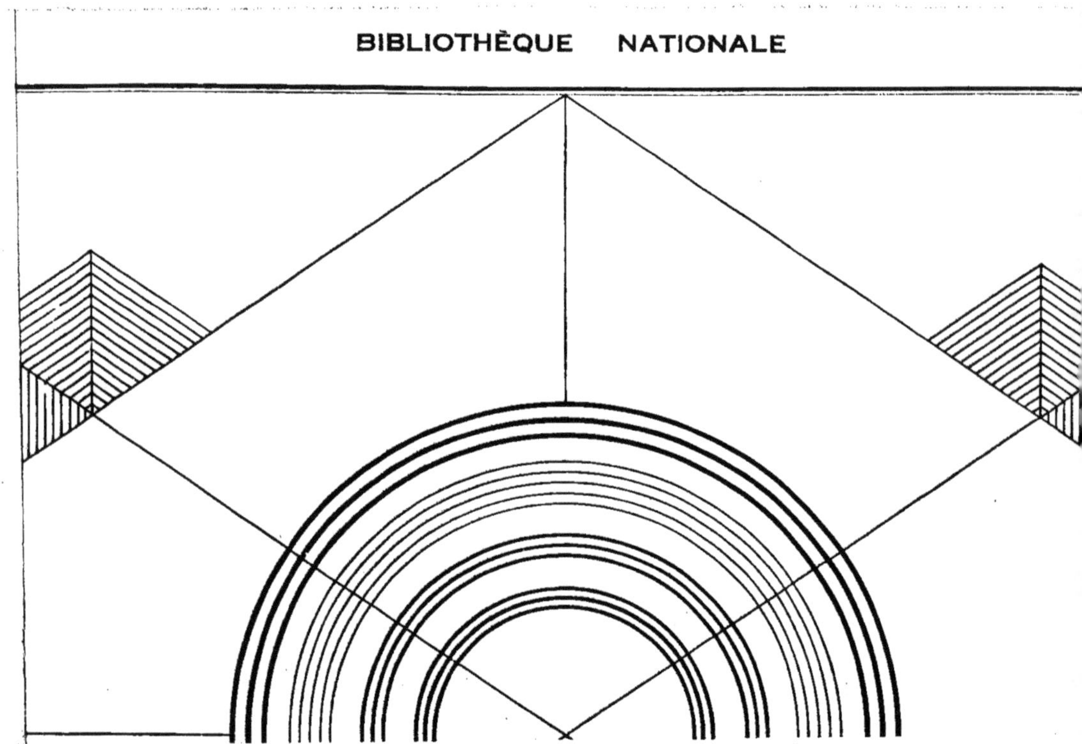

BIBLIOTHÈQUE   NATIONALE